Marcus Hodel

Outsourcing-Management kompakt und verständlich

Know-how für das Management

herausgegeben von Dr. Ronald Schnetzer

Die Bücher der Reihe *Know-how für das Management* richten sich an Entscheidungsträger und Projektverantwortliche für Organisation und Informationstechnik, die ihr Unternehmen ausrichten möchten an zukunftsträchtigen Konzepten, wie sie sich in der Praxis bewähren.

Gemeinsames Merkmal der Bände ist der Anspruch, relevantes Wissen so praxisnah, kompakt, übersichtlich und verständlich wie irgend möglich anzubieten. Durchgehend erläutern dabei Grafiken den Text.

Der Aufbau der Buchreihe ist einheitlich gegliedert in die Teile Begriff, Idee, Vorgehen, Tools und Praxisbeispiele.

Die ersten Titel der Reihe sind:

Business Process Reengineering kompakt und verständlich
von Ronald Schnetzer

Workflow-Management kompakt und verständlich
von Ronald Schnetzer

Outsourcing-Management kompakt und verständlich
von Marcus Hodel

Weitere Titel sind in Vorbereitung.

Vieweg

Marcus Hodel

Outsourcing-Management
kompakt und verständlich

Praxisorientiertes Wissen
in 24 Schritten

Die Deutsche Bibliothek – CIP-Einheitsaufnahme

Ein Titeldatensatz für diese Publikation ist bei der Deutschen Bibliothek erhältlich.

Der Verlag Vieweg ist ein Unternehmen der Bertelsmann Fachinformation GmbH.

http://www.vieweg.de

Konzeption und Layout des Umschlags: Ulrike Weigel, www.CorporateDesignGroup.de
Druck und buchbinderische Verarbeitung: Lengericher Handelsdruckerei, Lengerich
Printed in Germany

ISBN 3-528-05727-0

Vorwort des Herausgebers

Glück besteht darin,
die Eigenschaften zu haben,
die von der Zeit verlangt werden.
(Henry Ford)

Wir leben in einer dynamischen Zeit. Gerade Zeit haben dabei Führungskräfte immer weniger, trotzdem müssen sich Manager und Managerinnen laufend mit neuen Idee, Konzepten und Methoden vertraut machen. Die Reihe Know-how für Führungskräfte kommt diesem Bedürfnis entgegen. Im kompakter Weise werden aktuelle Themen systematisch vorgestellt. Durch den klaren und einfachen Aufbau ist es rasch möglich, ein Thema umfassend zu bearbeiten.

Der vorliegende dritte Band befasst sich mit dem Thema Outsourcing. Aufgrund meiner Berater- und Trainer-Tätigkeiten bei verschiedenen Unternehmungen und Instituten, sowie aufgrund eigener Erfahrung als Betroffener kann ich bestätigen, dass Outsourcing ein aktuelles Thema ist.

Gerade im Zusammenhang mit der Idee des Prozessmanagements, welche sich immer mehr durchsetzt, erhalten die Outsourcing-Gedanken eine neue Dimension. Outsourcing verlangt von den Beteiligten und Betroffenen Eigenschaften in den verschiedensten Dimensionen wie Strategie, Prozesse, Struktur, Informationstechnologie und Kultur.

Sollten Sie Feedback zur Reihe haben, zögern Sie nicht und kontaktieren Sie mich per Email:

feedback@schnetzerconsulting.ch

Ich wünsche Ihnen, liebe Leserinnen und Leser, viel Glück, sowie beim Studieren des Themas viele Erkenntnisse und beim Umsetzen viel Erfolg.

Küsnacht, im September 1999

Dr. Ronald Schnetzer

Vorwort

«Nichts ist schwieriger als die Planung,
nichts weniger gesichert oder gefährlicher
als ein (Outsourcing-)System zu schaffen.
Sein Schöpfer muss den Hass derer überwinden,
die ein überliefertes Interesse am alten System haben
und die Gleichgültigkeit der anderen,
denen das Neue von Nutzen sein wird.»
(Machiavelli)

Die ganze Komplexität des Outsourcing erlebte ich in meiner Laufbahn sowohl aktiv wie auch passiv, d. h. als Berater konnte ich im Rahmen meiner Projekt- und Beratungstätigkeit den Outsourcingprozess in Unternehmen selbst vorschlagen, planen, umsetzen und begleiten. Als Betroffener durchlief ich verschiedene Gemütszustände, die von Ungewissheit bis zu Neuanfang reichten, weil mein damaliger Bereich outgesourct wurde.

Einen Teil meiner Arbeitszeit ist der Lehrtätigkeit gewidmet. Als Dozent unterrichte ich an verschiedenen Ausbildungsstätten Themen wie Organisation, Projekt-Management, Business Process Rengineering (BPR), Mergers & Acquisitions und Outsourcing. Das aktuelle Thema des BPR hat mich seit längerer Zeit fasziniert, ebenso wie das Outsourcing. Meines Erachtens ist es äussert interessant und sehr effektiv Teile dieser beiden betriebswirtschaftlichen Konzepte miteinander zu verbinden. Die Idee dahinter ist einfach: zuerst ein BPR durchführen, um u. a. standardisierte Prozesse zu erhalten. Nach Vorliegen der gebündelten Funktionen, Objekte und Prozesse ist es wesentlich einfacher diese auf ihr Outsourcingpotential hin zu untersuchen und so die richtigen Entscheidungen zu fällen, da bereits wichtige Vorarbeit geleistet wurde.

Mit dem vorliegenden Band möchte ich den Aufforderungen meiner Kursteilnehmerinnen und Kursteilnehmern Folge leisten und eine generische, kompakte Einführung in das Thema Outsourcing (mit Bezug zum Business Process Reengineering) widergeben.
Das übersichtliche Darstellungskonzept der programmierten Unterweisung (PU), in der jeweils auf der linken Seite eine Graphik und auf der rechten Seite erläutender Text steht, soll vermehrte Transparenz schaffen und vor allem den gezielten Einstieg in ein spezifisches Thema erleichtern helfen.

Der vorliegende Band ist in dieser Form sicher nicht vollständig und abschliessend, sondern er hat zum Ziel, den interessierten Leser einfach und leicht verständlich durch die wichtigsten Themen im Outsourcing navigieren zu helfen, um so den Einstieg zu erleichtern.

Für den bereits projekterfahrenen Leser mag das Kapitel Vorgehen (Aktivitäten und Ergebnisse) zu wenig tief sein. Aus diesem Grunde ist geplant, einen weiteren Band zu lancieren, indem der Schwerpunkt auf den Aktivitäten und Ergebnissen, den Rollen und der Projektdokumentation liegt. Mit anderen Worten: es werden Checklisten, Templates und

Vorgehensempfehlungen in einer Methode «kochbuchartig» beschrieben, die den Projektmitarbeitern als Tool zur Verfügung stehen.

Jede Arbeit ist nur so gut, wie der Feedback dazu. Sollten Sie Interesse an weiteren Unterlagen, Informationen oder Fragen haben, so zögern Sie nicht, mich unter nachfolgender Adresse zu kontaktieren:

Cheetah Consulting GmbH
Marcus Hodel
Vorstadt 32, CH-6304 Zug

Consulting und Training in den Bereichen
Business Process Engineering
Change Management
Konflikt Management
Mergers & Acquisitions
Organisation
Outsourcing
Projekt-Management
Tools

Meines Erachtens befinden wir uns erst am Beginn einer grösseren Outsourcingwelle. Aus diesem Grunde, habe ich meine Erfahrungen, Ideen und Vorschläge in dieser Arbeit niedergeschrieben, um Betroffenen und Beteiligten einen raschen Überblick in die komplexe Materie zu geben. Mein Ziel in dieser Arbeit ist es, die Verbindung aus der praktischen Erfahrung in Projekten mit den theoretischen Aspekten in der einschlägigen Literatur herzustellen, wobei das Schwergewicht aber klar auf der praktischen Seite liegt.

Die Grundidee zu diesem Band ist von Dr. Ronald Schnetzer gekommen, dem ich meinen ganz besonderen Dank schulde, da er mir mit seinem fachlichem Input und in detaillierten Gesprächen manche gute Idee auf den Weg gegeben hat. Ferner möchte ich mich bei all jenen bedanken, die in irgendeiner Form einen Beitrag zu dieser Arbeit beigetragen haben.
Schliesslich haben auch alle Kursteilnehmerinnen und Kursteilnehmern mit ihren praxisnahen und anregenden Diskussionen zum Gelingen dieses Vorhabens beigetragen, wofür ich mich ebenfalls bedanke.

Last but not least gilt ein ganz besonderer Dank meiner Frau Genoveva, die nebst ihrer moralischen Unterstützung auch als Lektorin fungierte und mich tatkräftig unterstützte.

Zug, im September 1999

Marcus Hodel

Inhaltsverzeichnis

Einleitung

Problemstellung/Ausgangslage

Die Auflösung traditioneller Organisationsgrenzen in den Unternehmen durch die neuen Informations- und Kommunikationstechniken und die Restrukturierung der Geschäftsprozesse hat Outsourcing zu einem dringlichen betriebswirtschaftlichen und rechtlichen Thema werden lassen.[1]

Es ist unschwer festzustellen, dass der Markt zur Zeit einer enormen Dynamik unterworfen ist. Einerseits sind Mega-Fusionen im Bankenumfeld wie beispielsweise SBV/SBG, Deutsche Bank/Bankers Trust oder in der chemischen Industrie CIBA/Sandoz zu beobachten und andererseits prägen Bereinigungsaktionen, bei denen man sich (wieder) auf Kernkompetenzen zurückbesinnt (z.B. Verkauf Elektrowatt der Credit Suisse Holding) den schnelllebigen Markt.

Als aufmerksamer Leser von Tageszeitungen und diversen Journalen muss man sich fragen, wann den Unternehmen überhaupt noch Zeit verbleibt, sich den neuen Begebenheiten anzupassen und die internen bzw. externen Prozesse und Strukturen zu konsolidieren. Sehr oft werden diese Fusionen nicht genügend verdaut, da bestehende Housekeeping-Projekte (Jahr-2000-Anpassungen, Euro-Einführung, etc.) weite organisatorische Bereiche resp. Applikationen tangieren und qualitätssichernde Massnahmen nur vage realisiert werden.

Immer häufiger reicht es nicht mehr aus, nur noch regional oder national tätig zu sein. Zunehmend öfter gehen Firmen dazu über sich fehlende Skaleneffekte mittels Joint Ventures, Koorperationen oder Fusionen einzukaufen, um dadurch mehr Synergiepotential, bessere Verankerung am Markt, umfassenderes Verkaufsstellennetz, usw. im internationalen Umfeld aufzubauen.

Insbesondere nach der Konsolidierungsphase bei Firmenzusammenschlüssen aber auch bei stark anhaltendem Kostendruck stellt sich in den Unternehmen die Frage, ob sie wirklich Serviceleistungen wie z.B. Personalrestaurant, Gärtnerarbeiten, Facility Management, Personalrekrutierung, Büroreinigungsarbeiten und Informatikleistungen noch selber erbringen wollen bzw. können. In jedem der vorgenannten Bereiche braucht es spezialisiertes Know-how, Büro-/Produktionsgebäude, Infrastrukturen, etc. die Dritte (Outsourcingnehmer) meistens kostengünstiger, effizienter und in einer besseren Qualität erbringen. Bei dieser Problemstellung setzt nun das Outsourcing an.

In der Vergangenheit wurde Outsourcing fast ausschliesslich dazu verwendet Kosten (als eine sehr kurzfristige Möglichkeit) zu optimieren. Immer mehr Unternehmen sehen hingegen das Potential, Outsourcing vor allem strategisch und somit mittel- bis langfristig einzusetzen. Interessant ist dabei zu beobachten, dass die grössten Erfolge in Verbindung mit vorgeschalteten Business Process Reengineering- (BPR)[2] oder Total Quality Management-(TQM)-Projekten erzielt werden, denn dann sind Strategien, korrespondierende Prozesse und die unterstützende IT aufeinander vorgängig abgestimmt.

[1] Horchler (1996), S. V
[2] Schnetzer (1998), S. 17

Somit ist das Herauslösen von Funktionen, Objekten und Prozessen wesentlich einfacher und mit weniger Abgrenzungsschwierigkeiten (Schnittstellen-Management) verbunden.

Neben den harten Faktoren (Konzepte, Strukturen, Projekte, etc.) dürfen die weichen Faktoren (soft factors) wie beispielsweise Know-how, zwischenmenschliche Beziehungen, etc. nicht vernachlässigt werden resp. sind ein zentraler Erfolgsfaktor für Unternehmen. Sehr häufig ist es in Unternehmen so, dass bei der Durchführung und Umsetzung von Projekten immer auf die gleichen Ressourcen zurückgegriffen wird, da diese Mitarbeiter die Gegebenheiten und Spezialitäten am besten kennen und die nötigen formellen und informellen Beziehungen haben.

Eine ganz spezielle Herausforderung in Outsourcing-Projekten ist es, diese obgenannten MitarbeiterInnen entsprechend zu betreuen und zu motivieren. Da Outsourcing in einigen Fällen auch mit einem Übergang von Mitarbeiterinnen und Mitarbeitern zum Outsourcingnehmer verbunden ist, muss besonders in der Vorbereitungsphase spezielle Aufmerksamkeit auf die soft factors (vor allem auf key people) gelegt werden, da ansonsten spürbare Abgänge verbunden mit Know-how-Verlust die Folge sein könnten. Sehen die key people keine Herausforderung mehr, eventuell verbunden oder verstärkt durch Verlust von Ansehen, Rang, fringe benefits usw., sind diese sicher die ersten, die das Unternehmen verlassen werden.

Eine weitere wichtig zu betreuende Gruppe bildet das Middle-Management. An sie werden neue Anforderungen herangetragen, denen sie sich stellen müssen. Da weniger interne Führungsaufgaben anfallen (gerade bei Outsourcingprojekten mit Personalübergang), braucht es vermehrt Eigenschaften wie Coachingvermögen, Konflikt-Management, Vertrags-Management, um nur einige zu nennen.
Outsourcing ist eine noch recht junge Disziplin. Aus diesem Grunde fehlen validierte und geprüfte Vorgehensmethoden (anders wie im Projekt-Management). In einzelnen Bereichen wie beispielsweise beim Outsourcing von Informatikleistungen ist man hingegen schon weiter fortgeschritten, da es mittlerweile doch eine beträchtliche Anzahl von Outsourcingnehmern gibt (unter anderem Compaq, IBM, EDS), welche schon fundierte Erfahrung in der Realisierung mit IT-Outsourcing-Projekten miteinbringen.

Ziel und Aufbau

Auf der Basis der geschilderten Ausgangslage führt
Outsourcing – kompakt und verständlich
in das Thema Outsourcing ein. Möglichst kompakt werden grundlegende Prinzipien des Outsourcing vorgestellt.

Der Band gliedert sich in vier Kapitel mit in sich geschlossenen Themengebieten.

Kapitel 1 – Begriffe

In diesem Kapitel werden die Grundbegriffe von Outsourcing erklärt und ähnlich lautende Definitionen gegeneinander abgegrenzt. Ferner wird die historische Entwicklung von Outsourcing aufgezeigt.

Kapitel 2 – Idee

Die Merkmale, Ziele und der Zweck des Outsourcing werden hier beschrieben und die damit verbunden Chancen und Risiken skizziert. Ferner werden Strukturmerkmale und die Nähe zum Kerngeschäft gegeneinander abgegrenzt und mit Beispielen erklärt. Das Kapitel wird durch die Aufgaben, Kompetenzen und Verantwortungen der Outsourcingmanager ergänzt. Im Anschluss folgen die Anforderungen aus Sicht der Outsourcinggeber und -nehmer. Der Bezug zwischen BPR und Outsourcing bildet den Schluss.

Kapitel 3 – Vorgehen

Einleitend werden die unterstützenden Instrumente bei Outsourcingentscheidungen aufgezeigt und erklärt. Anschliessend folgt eine Vorgehensmethode in fünf Phasen mit den wichtigsten Aktivitäten und den zu erzielenden Ergebnissen.

Kapitel 4 – Praxis

Die Frage nach den Erfolgsfaktoren bzw. Stolpersteinen wird in diesem Kapitel beantwortet; gefolgt von einigen Praxisbeispielen, welche die in den vorausgegangenen Kapiteln erfahrenen Aussagen bestätigen resp. verdeutlichen sollen. Die Zusammenfassung hebt nochmals die wesentlichen Komponenten im Outsourcing hervor, bevor die Trends noch einen Ausblick in die Outsourcing-Zukunft geben und den Band abschliessen.

Am Schluss befindet sich neben einem Glossar auch ein Selbsttest, der Ihnen die Möglichkeit bietet, zu überprüfen, ob Sie «*Outsourcing – kompakt und verständlich*» verstanden haben. Das Literaturverzeichnis hilft, falls weiterführendes Interesse vorhanden ist. Schliesslich kann das Stichwortverzeichnis zum Nachschlagen bestimmter Schlagworte benutzt werden.

In gleicher Art und Weise werden weitere Themengebiete in neuen Bänden in lockerer Folge erscheinen. Damit ist das Ziel verbunden, sowohl in betriebswirtschaftliches Grundwissen wie auch in aktuelle Problemstellungen aus der Wirtschaft übersichtlich einzuführen.
Zur Zeit sind folgende Bände erhältlich:

- Outsourcing – kompakt und verständlich (M. Hodel, 1999)
- Workflow Management – kompakt und verständlich (R. Schnetzer, 1999), ISBN 3-528-05718-1
- Business Process Reengineering – kompakt und verständlich (R. Schnetzer, 1999), ISBN 3-528-05719-x

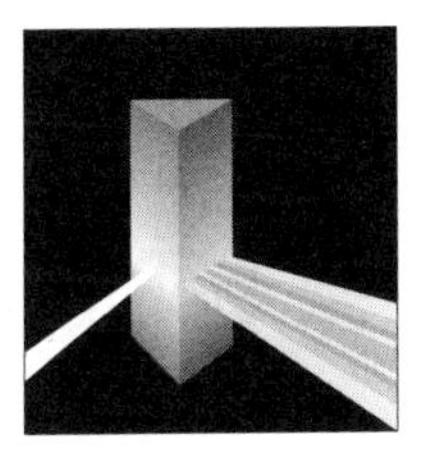

Begriffe

«Das Neue dringt herein mit Macht,
das Alte, das Würdige scheidet,
andere Zeiten kommen,
es lebe ein anders denkendes Geschlecht.»

(Friedrich von Schiller, «Willhelm Tell»)

1 Outsourcing-Kapitel

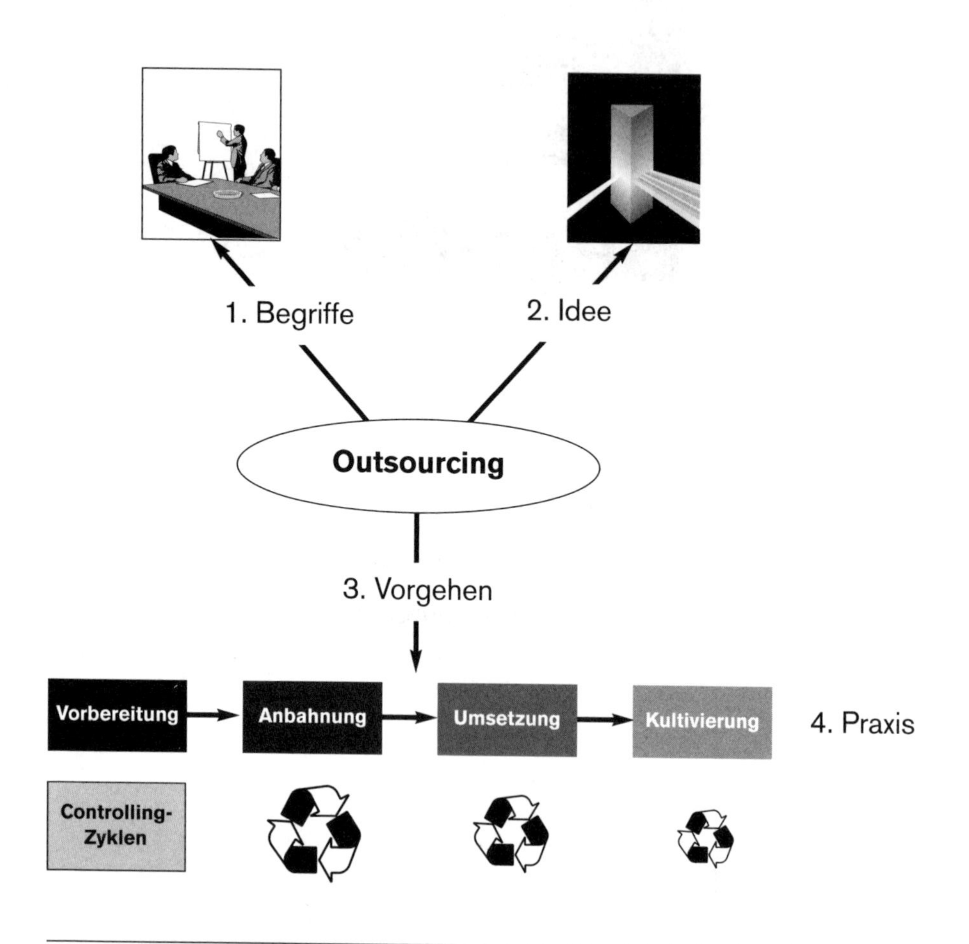

Abbildung 1: Die 4 Outsourcing-Kapitel

Der Aufbau dieses Bandes gliedert sich in folgende 4 Kapitel:

- Begriffe
- Idee
- Vorgehen
- Praxis

Diese Gliederung hat sich bewährt, da mit dieser mehr Transparenz geschaffen und somit das Verständnis dieses komplexen Themas gefördert wird.

1. Begriffe

Hier werden vor allem die Rahmenbedingungen, die im Outsourcing vorkommen, besprochen. Neben der Definition des Outsourcings werden auch verwandte Begriffe wie beispielsweise Insourcing, Cosourcing, Singlesourcing, etc. erläutert und gegeneinander abgegrenzt. Im deutschen Sprachraum kann der Begriff Outsourcing noch differenzierter zwischen Auslagerung und Ausgliederung unterschieden werden. Ferner wird aufgezeigt, welche Erscheinungsformen zum Outsourcing zählen.

2. Idee

Welche Triebfedern, Möglichkeiten und Ideen stecken im Outsourcing? Diese Frage, ergänzt um die Chancen und Risiken, die es in Outsourcing-Projekten zu beachten gilt, wird an dieser Stelle beantwortet. Dass nicht nur Funktionen sondern auch Objekte und Prozesse zum Outsourcing-Management gehören, wird gegen Ende dieses Kapitels beschrieben. Die Anforderungen an Outsourcinggeber und -nehmer bilden einen wichtigen Bestandteil. Desweiteren werden die Stufen aufgezeigt, in denen sich Outsourcing über die vergangenen Jahre entwickelt hat. Da Outsourcing starke Berührungspunkte zu Business Process Reengineering (Festlegen von Leistungen, Beziehungen zwischen Kunden/ Lieferanten und Unternehmen sowie daraus abgeleitete Prozesse) hat, werden die Gemeinsamkeiten resp. Unterschiede dieser beiden betriebswirtschaftlichen Konzepte aufgezeigt.

3. Vorgehen

Eines der wichtigsten Instrumente in jedem Outsourcing-Projekt ist die Vorgehensmethode. Sie schafft u. a. Transparenz, bildet die Basis für wiederkehrende Projekte und verwendet ein gemeinsames Vokabular. Ferner bringt sie einen organisatorischen bzw. zeitlichen Ablauf ins Projekt. In diesem Bereich werden pro Phase die wichtigsten Aktivitäten mit den zu erzielenden Ergebnissen aufgezeigt. Neben Zeitersparnis bringt ein systematisches Vorgehen auch Qualitätsvorteile. Das Vorgehen im Outsourcing (von innen nach aussen) unterscheidet sich grundsätzlich von demjenigen im Projekt-Management (von aussen nach innen).

4. Praxis

Im Praxisteil finden Sie einige Beispiele, welche die beschriebenen Ideen und Vorgehen veranschaulichen. Das Kapitel wird durch einige wichtige Erfolgsfaktoren und Stolpersteine, die im Projektverlauf auftreten können, abgerundet.

2 Begriffe im Zusammenhang mit Outsourcing

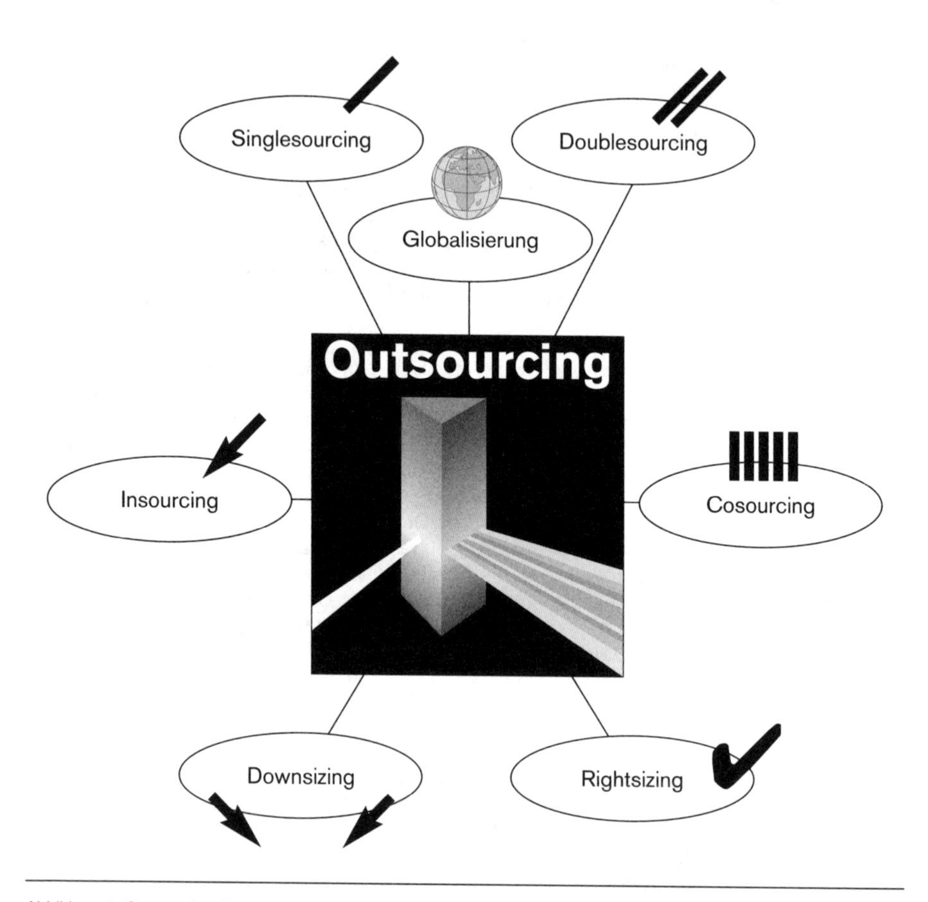

Abbildung 2: Outsourcing-Begriffe

Outsourcing ist ein anglo-amerikanisches Kunstwort und wird aus den beiden Worten Outside Resourcing gebildet resp. zusammengesetzt, was soviel bedeutet wie, die Inanspruchnahme von Leistungen, die extern (also nicht in der eigenen Unternehmung) erbracht bzw. bezogen werden.[3] Im Zusammenhang mit Outsourcing gibt es weitere Begriffe, die nachfolgend erklärt sind. Eine Vielzahl der Begriffe haben ihren Ursprung in der Informatik.

Singlesourcing/ Doublesourcing

Unter Singlesourcing oder Doublesourcing wird verstanden, die Zahl der Lieferanten bzw. Zulieferer auf einen oder zwei zu beschränken.[4] Somit reduziert sich die Zahl der Kontakt- und Schnittstellen drastisch, verbunden mit einfacheren Abläufen und weniger Overhead. Das Risiko nur von einem Lieferanten beliefert zu werden ist hingegen beträchtlich. Die Parallele zum Outsourcing besteht darin, den Lieferanten als Partner anzusehen mit dem Ziel eine langfristige Beziehung aufzubauen.

Globalisierung

Mit dem Einsatz der Informationstechnologie (IT), insbesondere mit dem starken Aufkommen des Internets, haben sich die Beschaffungsmöglichkeiten vervielfacht. Mit der Standardisierung von Produkten ist es für den Einkäufer einfacher geworden, sich auf dem globalen Markt einzudecken und die weltweit zur Verfügung stehenden Bezugsquellen zu nutzen, sofern die logistische Abwicklung reibungslos funktioniert.

Insourcing

Insourcing wird als Gegenstück zum Outsourcing verstanden, bei dem alle Leistungen in der eigenen Unternehmung (inhouse) erbracht werden. Der Begriff Insourcing wird oft im Zusammenhang mit Konzern- oder Holdinggesellschaften verwendet. Die Idee besteht darin, dass beispielsweise dezentrale Organisationseinheiten resp. Tochterunternehmen mit eigener IT, ihre IT-Leistungen zentral beim Mutterhaus beziehen, um so auf der gleichen IT-Plattform zu fahren.

Cosourcing

Cosourcing bedeutet die Zusammenlegung von gleichen Leistungen aus unterschiedlichen Unternehmungen, um gemeinsam die nötige kritische Grösse (Skalenerträge) zu erhalten. Beispiel: Zusammenlegung der Informatikleistungen Ostschweizer Kantonalbanken zu einem IT-Provider (AGI).

Downsizing

Mit Downsizing ist die Migration von zentralen Gross- und/oder Mini-Rechner basierenden Applikationen auf eine Plattform, die meist aus einem (dezentralen) Netzwerk und PCs besteht.[5] Dieses Netzwerk wird Client-/Server-Architektur genannt. Downsizing wird vorwiegend im Zusammenhang mit der Neukonzeption von Informatikleistungen gebraucht.

Rightsizing

Mit Rightsizing wird die kontinuierliche Aufgabe verfolgt, dass für den Benutzer «richtige» IT-System zur Verfügung zu stellen.[6] Dieser Begriff hat seinen Ursprung ebenfalls in der Informatik. Er wird im übertragenen Sinn auch für die Bereitstellung geeigneter Maschinenparks, Sachmittel, logistischer Leistungen, usw. verwendet.

[3] Koppelmann (1996), S. 2
[4] Horchler (1996), S. 8
[5] Schnetzer (1995), S. 178
[6] Schnetzer (1995), S. 175

3 Historische Entwicklung

	Branchen	Merkmale	Gründe
1950	• Automobilindustrie	• IT-Funktionen	• Kosten(druck) → kurzfristig
	• Industrie	• Querfunktionen	
		• Objekte (Projekte)	
1990	• Banken, Versicherungen (Dienstleistungs-unternehmen)	• Prozesse	• Kosten- und strategische Überlegungen → mittel- bis langfristig

Abbildung 3: Herkunft des Outsourcing

Der Begriff des Outsourcings stammt ursprünglich aus der Informatik. Es wurde darunter verstanden, dass EDV- und/oder Rechenzentrumsleistungen an Fremdfirmen ausgelagert wurden (z. B. Kodak).

Die Outsourcinggeber waren vorwiegend *Industrieunternehmen*, allen voran die Automobilhersteller, die nach japanischem Vorbild von lean production einen Teil ihrer Produktion auslagerten mit dem Ziel, die *Fertigungstiefe zu reduzieren* und somit den Zulieferanteil zu erhöhen. Outsourcing hat in den vergangenen 50 Jahren drei Phasen bzw. Wellen durchlaufen.

In den *50er Jahren* gingen Grossunternehmen dazu über, einzelne Funktionen wie beispielsweise Bewachungs- und Sicherheitsdienste, Druckereien, Logistikbereiche und Tischlereien, etc. aus Kostenüberlegungen auszugliedern.[7] Die von den Produktionsbetrieben her bekannte Make-or-buy-Entscheidung wurde auf Dienstleistungsbereiche übertragen.

Zu Beginn der *80er Jahre* haben Unternehmen nicht nur Funktionen, sondern ganze Prozesse ausgegliedert bzw. ausgelagert. Gründe für diese zweite Welle waren vor allem die Zunahme des Kostendrucks durch vermehrten Wettbewerb, mehr Markttransparenz, globale Beschaffungsmöglichkeiten, neue technologische Informations- und Kommunikationstechniken sowie schnellere Reaktionszeiten (just in time). Dies führte zu massiven Anpassungen von Kostenstrukturen, Aufbauorganisationen sowie Prozessen und hatte einen starken Einfluss auf eine Vielzahl von Unternehmensbereichen.

Die dritte Welle in den *90er Jahren* ist von den folgenden Strömungen betreffend Outsourcing geprägt:

- Konzentration auf das Kerngeschäft (das heisst, schlanker werden und unnötigen Balast über Bord werfen)
- Nebst kostenbasierenden sind zunehmend strategische Überlegungen ausschlaggebend resp. eine Kombination von beiden
- Etablierte und spezialisierte Outsourcing-Firmen (z. B. IBM, Compaq, EDS) treten vermehrt am Markt auf und bieten entsprechende Leistungen professionell an

Zusammenfassend kann gesagt werden, dass sich das Outsourcing im Verlaufe der Zeit stark gewandelt und entwickelt hat. Dies soll die nachfolgende Tabelle mit einer Gegenüberstellung von alten versus neuen Funktionen aufzeigen.

alt	**neu**
(vorwiegend) IT-Leistungen	(fast) alle Querfunktionen
Kostendruck	Kostenbasierte und strategische Überlegungen
Auftraggeber vs. Auftragnehmer-Beziehung	Langfristige Partnerschaft (win-/win-Beziehung)
Funktionen	Funktionen, Objekte (Projekte) und Prozesse

[7] Horchler (1996), S. 2

Idee

«Beachte immer, dass nichts bleibt, wie es ist
und denke daran,
dass die Natur immer wieder ihre Formen wechselt.»

(Marc Aurel (121-180), röm. Kaiser)

4 Ziel und Zweck

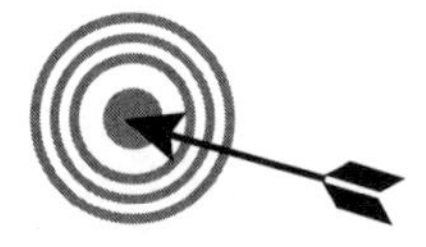

- Konzentration auf Kernkompetenzen
- Mehr Flexibilität
- Ergebnis aus BPR-Projekt
- etc.

Strategische Zielsetzungen (langfristig)

Kostenbasierte Zielsetzungen (kurzfristig)

- Kostendruck
- Fehlendes Know-how
- Terminprobleme
- etc.

Abbildung 4: Überlegungen im Zusammmenhang mit Outsourcing

Outsourcing kann aus verschiedenen Perspektiven betrachtet werden, wobei die zur Verfügung stehende Zeit die wichtigste Restriktion darstellt. In vielen Fällen werden Outsourcing-Vorhaben sehr kurzfristig initialisiert. Dabei spielt vor allem der Kostendruck (bottom up-Ansatz) die dominanteste Rolle, weil die betreffenden Unternehmen nur eine sehr geringe Liquidität haben und ihnen jedes Mittel recht ist, um die Kosten rasch, umfassend und langfristig zu senken. Strategische Entscheidungen (top down-Ansatz) benötigen mehr Zeit. Sie verfolgen andere Schwerpunkte sowie Zielsetzungen und benötigen eine längere Vorbereitungsphase.

Nachfolgend werden die wichtigsten Zielsetzungen aus den oben erwähnten beiden Ansätzen aufgeführt (teilweise lassen sich die Aufgaben bzw. Absichten nicht immer sauber zuordnen):

Top down-Ansatz

- Aufbau von strategischen Wettbewerbsvorteilen
- Zunahme der Unternehmens-Flexibilität
- Konzentration auf Kernkompetenzen
- Entlastung des Management
- Stärkung der eigenen Wissens- und Ressourcenpotentiale
- Weg zur Unternehmens- und Kulturtransformation
- Chance unternehmerisches Denken zu fördern
- Nutzung von externem Know-how (neues Wissen und neue Erfahrung)

Bottom up-Ansatz

- Abbau von Überkapazitäten mittels Auslagerung von peripheren Funktionen
- Externalisierung von Informatik-Dienstleistungen
- Reduktion der operativen Prozesse
- Verlagerung des Planungschwerpunktes: weg von den Ressourcen hin zu den Sachinhalten
- Höhere Kostentransparenz und -reduktion
- Bessere und schärfere Aufgaben-/Leistungsabgrenzungen
- Höhere Motivation der Mitarbeiter

Das Hauptziel im Outsourcing besteht in der Optimierung der Unternehmensorganisation resp. -struktur, um dadurch Balast abzuwerfen und die Flexibilität bei gleichzeitiger Kostenreduktion zu erhöhen. Je nach Focus werden zusätzlich vorwiegend interne aber auch externe Schnittstellen entlang der Wertschöpfungskette optimiert. Hinter diesem Ziel steckt die Kombination zweier bekannter Organisationskonzepte: Taylorismus und Lean Management[12]. Das tayloristische Konzept beruht auf einer extrem arbeitsteiligen organisatorischen Massenproduktion variantenarmer Produkte und dem Einkauf von einzelnen Fertigteilen. Das Lean-Management basiert auf Konzepten für die unternehmensinterne Organisation und auf Konzepten für die externen Beziehungen zwischen Unternehmen.[13]
Desweiteren geht es darum kostenintensive und stark repetitive Aufgaben aus dem Unternehmen auszulagern und einem Outsourcingnehmer zu übertragen.

[12] Womack & Jones (1991), S. 77
[13] Horchler (1996), S. 7

5 Merkmale

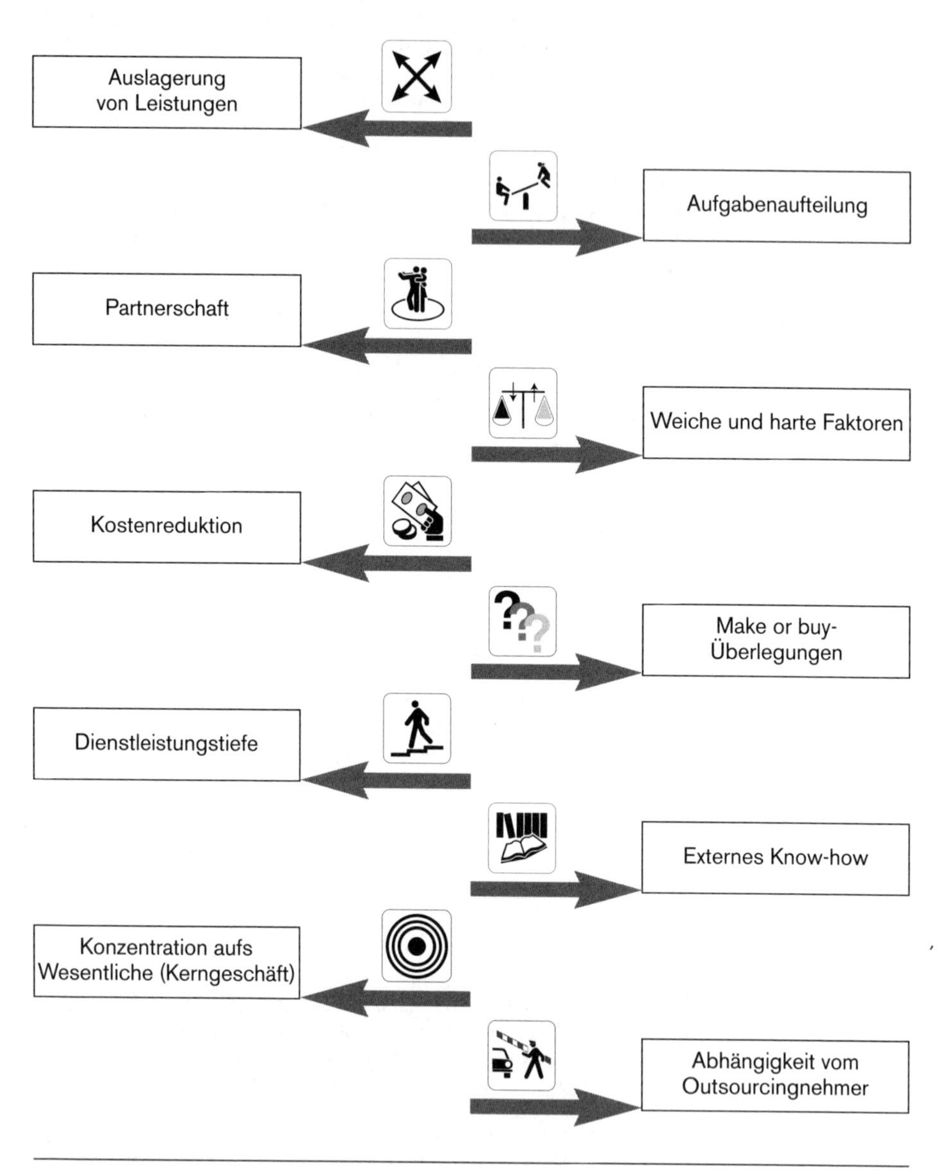

Abbildung 5: Charakteristische Merkmale

Nachfolgend charakteristische Merkmale des Outsourcing:

Dauerhafte Auslagerung von Leistungen an Externe

Fremdbezogene Leistungen sind in der Regel kostengünstiger und weisen mindestens den gleichen oder höheren Qualitätsstandard auf wie interne. Das Unternehmen ist flexibler und kann sich auf seine Kernaktivitäten besser konzentrieren.

Langfristige Aufgabenteilung

Outsourcing meint nicht den vorübergehenden Bezug von Fremdleistungen (z. B. zur Abdeckung von Spitzen), sondern den Aufbau einer langfristigen Beziehung mit starken gegenseitigen Abhängigkeiten hinsichtlich Funktionen, Objekten oder Prozessen. Die Aufgabenteilung wird periodisch auf die Dimensionen Schnittstellen-Management, Ansprechpartner, Qualität, Wirtschaftlichkeit, Zufriedenheit (Kunden, Mitarbeiter, Leistungen) und Termintreue, überprüft.

Partnerschaft statt Auftraggeber-/ Auftragnehmer-Beziehung

Das Ziel ist win/win-orientiert und gezeichnet von gegenseitigem Interesse an Produkten, Strategien sowie Märkten und Respekt (insbesondere bei Outsourcing mit Personalüberlassung). Eine Outsourcing-Partnerschaft geht somit klar über die klassische Auftraggeber-/ Auftragnehmer-Beziehung hinaus.

Zusammenspiel von harten und weichen Faktoren

Idealerweise wird dem Outsourcing ein (BPR-)Projekt vorgeschaltet, um optimierte Prozesse zu erhalten. Dies führt zwangsläufig zu Änderungen der Strukturorganisation und damit verbunden der Motivation der Mitarbeiter. Damit wertvolle Mitarbeiter (key people) dem Unternehmen erhalten bleiben, müssen diese rechtzeitig, laufend und umfassend über die geplanten Outsourcing-Aktivitäten in Kenntnis gesetzt werden, da sich sehr rasch Angst um den Arbeitsplatz ausbreitet und dies Mitarbeiter verunsichern und demotivieren kann.

Reduzierung der Dienstleistungstiefe

Nebst den vielen teilweise historisch gewachsenen Querfunktionen (z. B. Druckereien, Rechtsdienst, Output-Management) bereiten auch die den Kunden angebotene Dienstleistungsbreite und -tiefe (Produktsortiment) Mühe.
Outsourcing hat zum Ziel, die Dienstleistungstiefe zu reduzieren, indem beispielsweise nicht häufig nachgefragte Produkte oder «nice-to-have-Leistungen» outgesourct werden.

Im Kern Make or buy-Überlegungen

Wie in späteren Kapiteln noch dargestellt wird, kennt Outsourcing zwei Hauptüberlegungen: kostenbasierte und/oder strategische. Im Kern geht es im Outsourcing darum, eine Entscheidung herbei zu führen, ob die intern erbrachten Leistungen (=Eigenerstellung) aus Kostenüberlegungen auch weiterhin zu erbringen sind, oder ob es wirtschaftlicher ist, gewisse Leistungen einzukaufen.

Langfristig Kosten einsparen

Bevor Kosten eingespart werden können, kommen meistens einmalig zusätzliche hinzu (Desinvestitionen und Transaktionskosten). Langfristig werden fixe und variable Kosten wie z. B. für EDV, Ausbildung, Gebäude, Saläre, Infrastrukturen, Sozialabgaben eingespart. Diese sind in der Regel beim Outsourcingnehmer nach Aufwand zu bezahlen.

6 Erscheinungsformen des Outsourcing

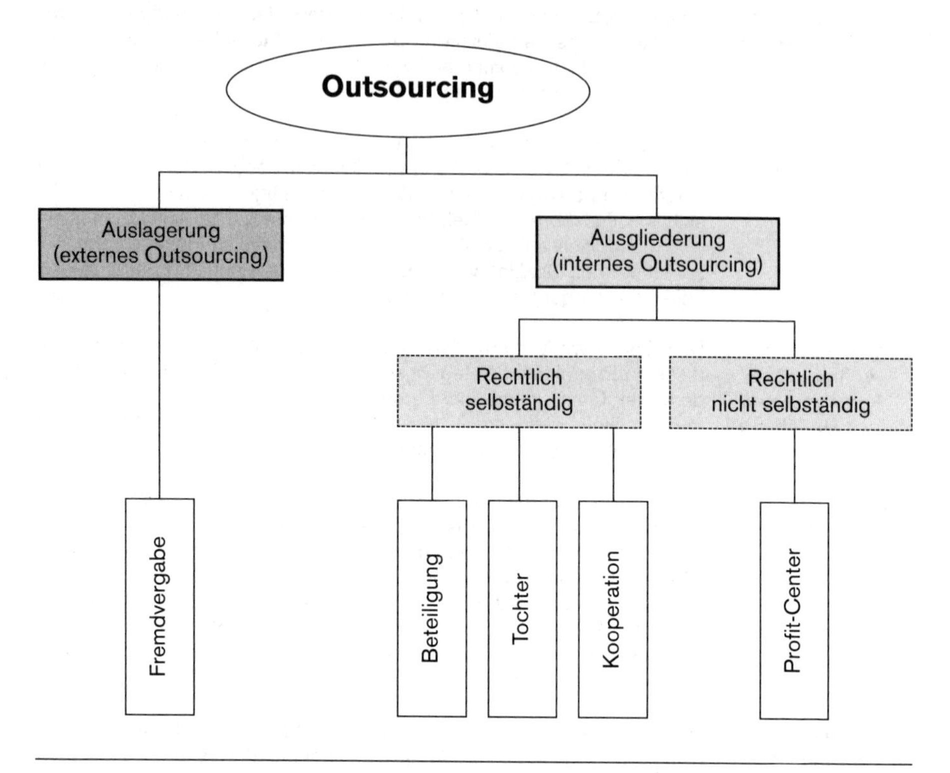

Abbildung 6: Strukturformen (Quelle: Bruch, 1998)

Die Unterschiede von Auslagerung versus Ausgliederung sind kurz tabellarisch zusammengefasst:

Auslagerung	**Ausgliederung**
Teilweise oder vollständige Übertragung von Unternehmens-Funktionen, -Objekten und -Prozessen an externe Anbieter	Übertragung von Unternehmens-Funktionen, -Objekten und -Prozessen auf eine oder mehrere Abteilungen
Keine finanzielle Verflechtung mit Outsourcinggeber	Kapitalbezogene Verflechtung mit Outsourcinggeber
Zwischenbetriebliche Abstimmung ausschliesslich über Verträge	Leistungen werden teilweise eigenständig am Markt angeboten

Sobald ein Unternehmen Outsourcing in Betracht zieht, sieht es sich mit den Fragen konfrontiert, in welcher Form und wie stark outgesourct werden soll. Grundsätzlich gibt es zwei Unterscheidungsvarianten:

- die Ausgliederung (internes Outsourcing)
- die Auslagerung (externes Outsourcing)

Bei der *Ausgliederung* will der Outsourcinggeber seinen Einfluss beim Outsourcingnehmer hinsichtlich der ausgegliederten Funktionen behalten. Aus diesem Grunde wird meistens eine neue Firma gegründet, wobei der Outsourcinggeber in der Regel mehr als 50% Anteile besitzt. Während einer Periode von 1–2 Jahren werden die ausgegliederten Leistungen ausschliesslich dem Outsourcinggeber angeboten, da der Outsourcingnehmer Zeit für seinen eigenen Findungsprozess (neue Prozesse, Strukturen, Leistungsverrechnungen, etc.) benötigt. Erst nach Abschluss dieser Findungsphase werden die Leistungen auch auf dem freien Markt (also sowohl dem Outsourcinggeber als auch unabhängigen Dritten) offeriert. Die Ausgliederung hat zum Ziel, dass Mitarbeiter kostenbewusster bzw. unternehmerischer Denken und Handeln sollen, um somit die Kosten der zu erbringenden Leistungen (u. a. Overhead) zu senken, und dass die Funktionen bzw. Prozesse dezentral anstatt zentral bewirtschaftet werden. Oft führt eine Ausgliederung im Verlaufe der Jahre zu einer Auslagerung z. B. mittels Verkauf oder Management-Buyout, sobald sich die Prozesse eingespielt haben und die gewünschte Qualität der Leistungen erbracht wird. Der überwiegende Teil der intern outgesourcten Bereiche sind rechtlich selbständige Unternehmen wie z. B. Tochtergesellschaften (wirtschaftlich unselbständig) Kooperationen (gemeinschaftlich gegründete Gesellschaft) und Beteiligungen (andere Kapitalgeber beteiligen sich im namhaften Umfang an neuer Gesellschaft).[8] Die schwächste Form der Ausgliederung ist das Profit-Center, welches zum Ziel hat, flexible Bereiche mit eigenverantwortlichem Erfolg zu bilden. Diese Form der Ausgliederung kann eher als strukturelle Kosmetik bezeichnet werden, da sie vorwiegend interne Prozesse optimiert.

Die *Auslagerung* ist gekennzeichnet durch die teilweise oder volle Vergabe von Funktionen an Outsourcingnehmer ohne kapitalbezogene Verflechtungen.[9] Die Konsequenz davon ist, dass die Funktion aus dem Bereich herausgelöst und im Anschluss dieser Bereich aufgelöst wird. Eine direkte Einflussnahme auf die Funktionen ist nur noch über den Rahmenvertrag resp. die Leistungsvereinbarungen (Detailverträge) möglich.

[8] Bruch (1998), S. 58
[9] Heinzl (1992), S. 29

7 Klassifizierung von Outsourcing-Kandidaten

Strukturmerkmal / Nähe zum Kerngeschäft	**Funktionen**
Gering	Kern**ferne** Funktionen • Abgrenzbar • Definier-/Messbar • Wenig unternehmensspezifisch • Strategisch unbedeutend
Hoch	Kern**nahe** Funktionen • Wenig abgrenzbar • Interdependent • Unternehmensspezifisch • Strategisch bedeutend

Abbildung 7: Bezug kernferner und kernnaher Funktionen zum Kerngeschäft (Quelle: Bruch, 1998)

Strukturmerkmal / Nähe zum Kerngeschäft	**Objekte**
Gering	Kern**ferne** Objekte • Unternehmensunabhängig • Abgeschlossen • Klar umrissen • Strategisch wenig bedeutend
Hoch	Kern**nahe** Objekte • Strategisch bedeutende Teilleistung • Entwicklung einzigartiger Produkte

Abbildung 8: Bezug kernferner und kernnaher Objekte zum Kerngeschäft (Quelle: Bruch, 1998)

Die Geschichte des Outsourcing zeigt deutlich, dass zu Beginn (in den 50er Jahren) vorwiegend IT-Funktionen outgesourct worden sind. Im Verlauf der Zeit wurden auch ähnliche funktionale Bereiche wie Druckereien, Hausgärtnereien, etc. auf Outsourcing-Potential hin überprüft und diese später dann einem Outsourcingnehmer übergeben. Meistens waren fehlendes Know-how, Investitionsstops oder Ressourcenmangel Gründe, warum man auch einzelne Objekte (z.B. einfachere Projekte, abgegrenzte Aufträge) outgesourct hat. Den positiven Resultaten von BPR- oder TQM-Projekten war es schliesslich zu verdanken, dass sauber strukturierte, auf einander abgestimmte und beschriebene Prozesse nach Projektabschluss vorlagen. Aufbauend auf diesen Ergebnissen konnten in der Folge sogar ganze Prozesse Dritten übergeben werden. In der Regel waren dies Support-Prozesse (z.B. Logistikprozesse, Beschaffungsprozesse), das sind Prozesse, welche sozusagen die Infrastruktur für Prozesse mit Kundenleistung zur Verfügung stellen.

In den Abbildungen 7 und 8 sind die Kriterien definiert, warum Funktionen bzw. Objekte als kernfern resp. kernnah gelten.[10] Diese Aussagen werden nun mit weiteren Kriterien wie Risikoüberlegungen und Gründen ergänzt und anhand von Beispielen erklärt.

Struktur-merkmale	Strate-gisch	Abgrenz-bar	Risiko	Unternehmens-spezifisch	Know-how	Abhängig-keit	Anbahnungs-kosten	Beispiele
Kern**nahe** Funktionen	Ja	Gering	Hoch	Ja	Hoch	Stark	Hoch	F & E, Informatik, Personaldienst
Kern**ferne** Funktionen	Nein	Gut	Niedrig	Nein	Niedrig	Gering	Niedrig	Fahrzeug-Park Personal-restaurant Gebäude-verwaltung
Kern**nahe** Objekte	Ja	Gering	Hoch	Ja	Hoch	Stark	Hoch	Porsche: CAD-Outsourcing
Kern**ferne** Objekte	Nein	Gut	Niedrig	Nein	Niedrig	Gering	Niedrig	Einfache Projekte Wartungs-leistungen
Kern**nahe** Prozesse	Ja	Gering	Hoch	Ja	Hoch	Stark	Hoch	Apple: Design Nike: Fertigungs-prozess
Kern**ferne** Prozesse	Nein	Gut	Niedrig	Nein	Niedrig	Gering	Niedrig	Dokumenten-management

Zusammenfassend lässt sich sagen, dass es sich bei kernfernen Funktionen, Objekten und Prozessen vorwiegend um Unterstützungsleistungen für kernnahe Aufgaben handelt und diese nicht zum eigentlichen Kerngeschäft gehören. Es sind generische Leistungen, die sich klar von kernnahen unterscheiden und abgrenzen lassen. Mit anderen Worten, je näher eine Funktion, etc. am Kerngeschäft ist, umso vernetzter sind die betrieblichen Abhängigkeiten (v.a. Know-how und Produkte- und Prozesskenntnisse), desto schwieriger wird es, ein Outsourcing durchzuführen.

[10] Bruch (1998), S. 67

8 Aufgaben, Kompetenzen und Verantwortung der Outsourcing-Manager

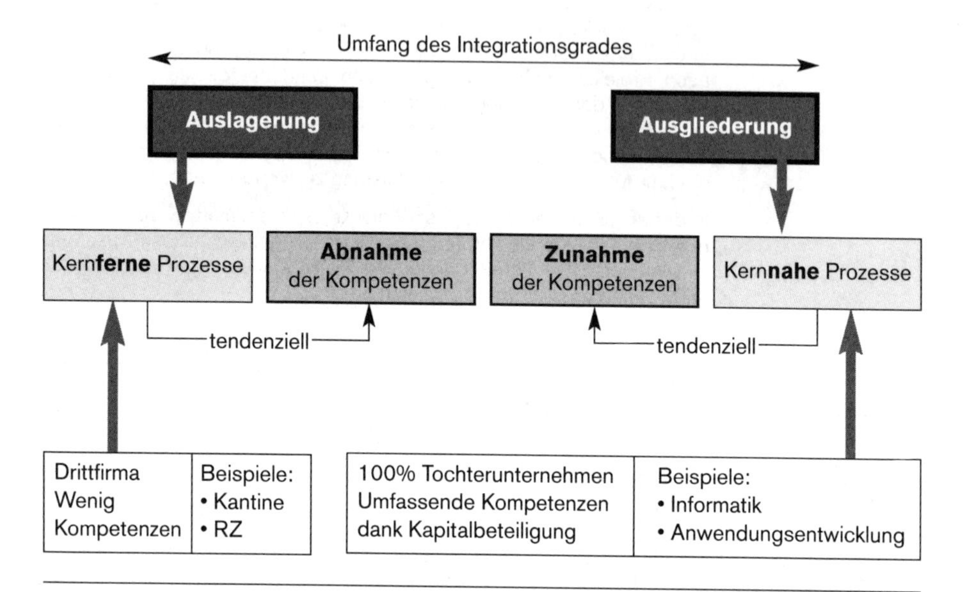

Abbildung 9: Übersicht der Kompetenzen von Outsourcing-Managern

Die *Hauptaufgaben* der Outsourcing-Manager (1. und 2. Führungsebene) lassen sich wie folgt gliedern:

Management-Aufgaben

- Entscheidungsvorbereitung und Entscheidung über Outsourcing-Vorhaben
- Ressourcen planen und allozieren (u.a. Manpower, Finanzen, Infrastruktur)
- Definieren von Outsourcingpaketen (für Funktionen, Objekte oder Prozesse)
- Evaluation geeigneter Outsourcingpartner
- Vertragsverhandlung und -gestaltung
- Erarbeiten einer Umsetzungsstrategie
- Einleiten und Etablieren des Kulturwandels

Zwischenbetriebliche Aufgaben

- Aufbauen einer Vertrauensbeziehung und kulturelle Integration der Unternehmen
- Definieren konkreter, vollständiger Leistungsvorgaben (Service Level Agreements)
- Etablieren eines Stimmungsbarometers
- Permanentes Überprüfen und Stärken der formellen und informellen Beziehung
- Einrichten einer konstruktiven Feedback-Kultur
- Einrichten eines Controlling

Sozio-kulturelle und psycho-soziale Aufgaben

- Erhöhter Anteil an Information, Kommunikation, Aufklärung und Management-Attention
- Erbringen von Fingerspitzengefühl im Alltagsgeschäft
- Umfassende Konfliktbewältigungsaufgaben
- Hilfe bei psychischen Blockaden (u. a. Angst um Arbeitsplatz)
- Schaffen verbindender Elemente (wie z. B. Firmen-Anlässe, durchmischte Teams)
- Besonderes Augenmerk auf Feintuning richten
- Personalübernahme äusserst umsichtig und umfassend gestalten (Abgang von key people)

Kompetenzen

Die Kompetenzregelung von Outsourcing-Managern basiert u. a. auf der kapitalmässigen Beteiligung des Outsourcinggebers. Die beiden Pole bilden die Ausgliederung mit sehr umfassenden Kompetenzen sowie der Auslagerung in der die Kompetenzen fast uneingeschränkt zum Outsoursingnehmer übergehen.[11] Vor allem bei Minderbeteiligungen behält sich der Outsourcinggeber Kompetenzen wie Planung, Budgetierungsprozess und Personalbesetzung vor. Ferner wird die Einflussnahme auf Management-Systeme und das Festlegen wichtiger strategischer Entscheidungen als Kompetenzen festgeschrieben. Der Grad der Kompetenzen hängt stark davon ab, welche Aufgaben dem Outsourcingnehmer zugesprochen werden.

Verantwortung

Prinzipiell darf die Verantwortung nur soweit reichen, wie einem Outsourcing-Manager Kompetenzen zugestanden werden. Die wichtigsten Veranwortungsbereiche sind Strategie, Controlling, Kostensenkung, Kulturharmonisierung und Zielerreichung.

Regel:
- der Outsourcinggeber übernimmt die Verantwortung für Planung und Kontrolle
- der Outsourcingnehmer übernimmt die Verantwortung für die Ausführung

[11] Bruch (1998), S. 78

9 Anforderungen an den Outsourcinggeber

- Neuartige Qualifikation (alt: Linie – neu: Partner)
- Fachliches Know-how und kennen der Prozesse
- Planen, Steuern, Korrigieren, Kontrollieren
- Mittleraktivitäten für inner- und zwischenbetriebliche Prozesse

- Neue Formen der Führung (v. a. für Middle Management)
  - Kommunikationsvermögen
  - Koordinationsvermögen
  - Moderationsvermögen
  - Coachingvermögen
  - Konflikt-Management
  - Überzeugung, Durchsetzung und Verhandlung
  - Vertrags-Management

Abbildung 10: Anforderungen an den Outsourcinggeber

Um ein Outsourcing-Vorhaben erfolgreich zu realisieren und umgesetzte Projekte zu kultivieren, braucht es sowohl auf Outsourcinggeber- als auch auf Outsourcingnehmer-Seite bestimmte Voraussetzungen resp. Anforderungen. In der Folge sind die wichtigsten beschrieben.

Neuartige Qualifikationen

In der alten Organisation bestand eine Linienorganisation mit den klassischen Über-/Unterstellungen (Hierarchie) resp. Vorgesetzter-/Mitarbeiter-Beziehungen. Nach erfolgtem Outsourcing braucht es ein partnerschaftliches Beziehungs-Management zwischen Auftraggeber und Auftragnehmer, indem Aufgaben, Kompetenzen und Verantwortungsbereiche (noch) detaillierter geregelt sind. Dies geschieht in der Regel über Verträge.

Fachliches Know-how und kennen der Prozesse

Je grösser das Fach-Know-how ist und je besser die Prozesse beherrscht werden, umso einfacher und eindeutiger können Prozesse gegeneinander abgegrenzt werden. Dies stellt einen wesentlichen Erfolgsfaktor im Outsourcing dar.

Mittleraktivitäten

Analog dem Supply Chain Management braucht es im Outsourcing eine klare Abstimmung der inner- und zwischenbetrieblichen Prozesse, d.h. die outgesourcten Aufgaben oder Prozesse müssen hinsichtlich Kosten, Qualität, Termintreue und Zuverlässigkeit nahtlos auf die inhouse erbrachten Leistungen ausgerichtet sein. Diese Anforderungen an die Mittleraktivitäten sind nicht einmalig, sondern permanent zu erbringen. Der Traum, mit einem Outsourcing-Vertrag sich der Verantwortung entziehen zu können und gegen bare Münze garantierte Leistungen «pur» zu erhalten, hat sich als unerfüllbar erwiesen.

Neue Formen der Führung

Nebst den klassischen Führungsaufgaben wie planen, steuern, kontrollieren und korrigieren kommen mit dem Entscheid zum Outsourcing neue hinzu. Der Umgang mit externen Partnern verlangt vor allem mehr Kommunikations- und Koordinationsvermögen. Gerade in der Projekt- und Anfangsphase sind die Stärken des Konflikt-Management besonders gefragt (z.B. bei Angst um Arbeitsplatzverlust, Outsourcing mit Personalübergang). Intern werden Leistungen teilweise mittels Service Level Agreements (SLA) geregelt; extern wird die vertragliche Regelung der Leistungserbringung in Rahmen von Leistungsverträgen festgehalten. Hierzu braucht es vom Management entsprechende Kenntnisse im Vertragswesen evtl. verbunden mit juristischem Basiswissen.

Aufstellen von Kriterien zur Bewertung von Outsourcingnehmern

Damit Angebote resp. Konkurrenten unterschieden werden können, braucht es einen Kriterienkatalog mit u.a. folgenden Kriterien: Service-Umfang, Qualitäts-Management, Partnerschaften, Branchenkenntnisse, Erfahrung, Offerten/ Präsentation, Referenzen, Organisation, Plattformen, Prozessgestaltung und Vertragsgestaltung.

10 Anforderungen an den Outsourcingnehmer

- Mehrjährige Projekterfahrung
- Zuverlässigkeit
- Kommunikationsvermögen
- Grösse und Finanzkraft
- Transparenz der Angebote
- Tiefe und Breite des Leistungsspektrums
- Vertrauen (Verantwortungsbewusstsein)
- Räumliche Distanz
- Anzahl bestehender Partnerschaften
- Branchen- und (evtl.) Unternehmenskenntnisse (bei kernnahem Outsourcing)

Abbildung 11: Anforderungen an Outsourcingnehmer

Mehrjährige Projekterfahrung

Neben der Erfahrung mit ähnlichen Projekten ist es zwingend erforderlich, dass der Outsourcingnehmer eine entsprechende Erfahrung im Planen, Umsetzen und im Lösen von Problemen aufweisen kann.

Zuverlässigkeit

Mit Zuverlässigkeit ist die vertraglich vereinbarte Erfüllung der Leistungen gemeint. Dies bedeutet, dass insbesondere Termine eingehalten und die fixierten Kosten nicht überschritten werden, die Leistungen der geforderten Qualität entsprechen, Branchen- und/oder unternehmensspezifisches Know-how vorhanden ist.

Kommunikationsvermögen

Mit der einmaligen Übergabe der Aufgaben resp. Prozesse an den Outsourcingnehmer ist es nicht getan. Beim Outsourcing von Leistungen von mittleren und grösseren Unternehmen ist ein key account Manager durchaus angebracht, damit keine Kommunikationslücken auftreten. Unter Kommunikationsvermögen wird verstanden, dass die Anliegen des Outsourcinggebers ernst genommen, Konfliktsitutationen konstruktiv angegangen und gelöst werden sowie klar definierte Ansprechpartner zur Verfügung stehen.

Grösse und Finanzkraft

Die Frage nach der Grösse des Outsourcingnehmers sollte Antworten hinsichtlich Flexibilität geben, d. h., besitzt der Outsourcingnehmer eine Grösse, die es erlaubt auch bei höherem Geschäftsvolumen (z. B. Auftragsspitzen) die nötigen Ressourcen in der gewünschten Qualität und termingerecht zur Verfügung zu stellen bzw. lässt es seine Grösse auch zu, auf unterschiedliche Situationen flexibel zu reagieren. Ferner müssen die Outsourcingnehmer über genügend finanzielle Mittel verfügen, sodass saisonale Schwankungen und rezessive Einflüsse das Erbringen der Leistungen nicht beeinflussen. Verbunden mit der Finanzkraft ist auch die laufende Weiterentwicklung von Leistungen, Innovationen und des Know-how der Mitarbeiter.

Transparenz der Angebote

Für den Outsourcinggeber ist es schwierig, sich im Dienstleistungs- und Angebotsdschungel der Outsourcingnehmer zurecht zu finden. Aus diesem Grunde ist es aus Sicht Outsourcingnehmer äusserst sinnvoll, zwischen Standard- und Individual-Angeboten zu unterscheiden. Vor allem Standard-Dienstleistungen lassen sich wesentlich einfacher mit der Konkurrenz vergleichen und fördern die Transparenz der Angebote.

Merke:

Hat der Auftraggeber keine konkreten Vorstellungen über outzusourcende Aufgaben, Objekte oder Prozesse und erteilt weiter keine klaren Aufträge, wird der Outsourcingnehmer seine Leistungen nicht voll entfalten können.

11 Chancen und Risiken

Chancen

- Kostenvorteile (Einsparungen von 10–20% und mehr)
- Effizienzvorteile beim Outsourcinggeber und -nehmer
- Erschliessung neuer Geschäftsfelder
- Entlastung des Personalmanagements
  (Lieferengpässe, diverse Ausfälle)
- Qualität der Gesamtleistung wird besser

Abbildung 12: Chancen im Outsourcing

Risiken

- Abhängigkeit vom Outsourcingnehmer
  (Insolvenz, Übernahme, Neuausrichtung)
- Irreversibilität des Outsourcing
- Know-how-Verlust
  (Wissen zweckentfremdet, Dritten zugänglich)
- Psychologische und soziale Risiken
  (Akzeptanz, Widerstände)
- Kein übereinstimmendes Grundverständnis
  über strategische Ziele

Abbildung 13: Risiken im Outsourcing

Chancen

Eine der grössten Chancen im Outsourcing ist sicherlich vom externen Know-how des Outsourcingnehmers zu profitieren bzw. zu partizipieren. In vielen Fällen ist das gelieferte Know-how eine Kernkompetenz des Outsourcingnehmers, welches er sich über Jahre auf- und ausgebaut hat. Wissen aufbauen zu müssen, kann sehr zeit-, ausbildungsintensiv und teuer sein. Mit dem Know-how sehr eng verbunden sind die dafür notwendigen und meist teuren Spezialisten, die in gewissen Gebieten (u. a. spezielle Informatikkenntnisse wie beispielsweise Java) nur schwer auf dem Arbeitsmarkt zu beschaffen sind.

Eine weitere Chance besteht sicher darin, dass sich Unternehmen wieder auf ihre Kernaufgaben (back to the core business) besinnen bzw. beschränken und dadurch weniger die Möglichkeit besteht sich zu verzetteln, indem den internen und externen Kunden auch nice-to-have-Leistungen angeboten werden.

Gerade KMUs haben Mühe für gewisse Leistungen (z. B. Rechenzentrums-Leistungen) die nötigen Skalengrössen/-erträge aufzubringen, um kostendeckend zu produzieren. Immer mehr sehen KMUs in der gleichen Branche eine Chance darin, Abwicklungs-, Rechenzentrums-Leistungen und sogar ganze Informatikinfrastrukturen gemeinsam zu erstellen und zu betreiben.

Risiken

Etwas sehr schwieriges, zeitintensives und risikoreiches in Outsourcing-Vorhaben ist die Abgrenzung von klaren Aufgaben, Kompetenzen und Verantwortungen, da es hier um Motivationsprobleme, Verlust von Ansehen bzw. Rang, Verschiebung oder Auflösung von Machtstrukturen/-positionen geht. Es gibt wenig Erfahrungswissen über erfolgreiche Aufgabenabgrenzungen, da diese auch emotional geprägt sind (Bauchentscheidungen).

Durch die Abnahme von Leistungen durch den Outsourcingnehmer besteht quasi ein vertraglicher Marktschutz. Im schlimmsten Fall ist dies ein Monopol, welches unter Umständen auf die Qualität der zu erbringenden Leistungen negative Auswirkungen haben kann.

Werden Outsourcingentscheidungen nicht aus strategischen und/oder kostenbasierten Motiven getroffen, sondern von einigen wenigen Meinungsmachern, key people, etc. subjektiv und kulturell geprägt, birgt dies ein enormes Risiko für ein erfolgreiches Gelingen von Outsourcing-Vorhaben.

Die Vergangenheit hat gezeigt, dass vor allem im Vertragswesen erhebliche Risiken stecken, da hier (nicht wie in anderen Branchen) noch wenig Erfahrung besteht. Aus diesem Grunde ist es sinnvoll, Verträge mit kurzen Laufzeiten anzustreben (obwohl dies die Outsourcingnehmer nicht gerne sehen).

Wurde der Entscheid gefasst, einen Bereich (z. B. die IT) outzusourcen, ist es empfehlenswert, dass eine sehr kompetente Kerntruppe im Unternehmen zurückbleibt und die fachliche Koordination übernimmt. Das Risiko wird so minimiert. Die besten Resultate werden erzielt, wenn zu Beginn nur Teilbereiche anstatt ganze Bereiche outgesourct werden.

12 Die Stufen des Outsourcing

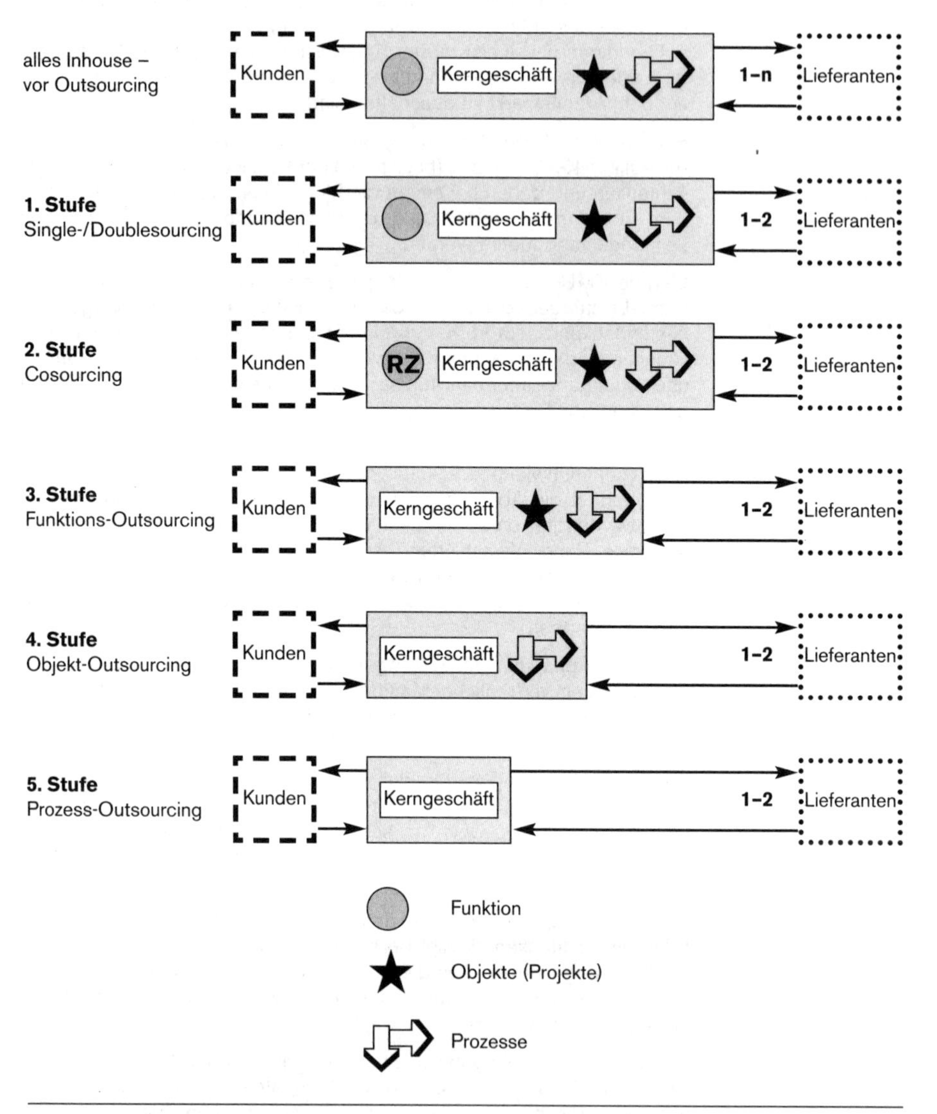

Abbildung 14: Die Stufen des Outsourcing

Outsourcing kann mehr oder weniger radikal resp. umfassend verstanden werden. Das Outsourcing verhält sich dem BPR sehr ähnlich, d.h. dass im amerikanischen Sprachraum wesentlich radikaler und schneller outgesourct wird, als dies in Europa der Fall ist. Im Verlaufe der Jahre kristallisierten sich einzelne Stufen (teilw. mit vorgelagerten Zwischenstufen) heraus.

1. Stufe: Single-/Double-Sourcing

Das Single- oder Double-Sourcing umfasst die Konzentration auf maximal ein bis zwei Lieferanten. Hier wird das Ziel verfolgt, sehr eng mit den Lieferanten (teilw. gleiche EDV-Systeme, Infrastruktur) zusammenzuarbeiten, um weniger koordinative Aufgaben übernehmen zu müssen. Diese zwischenbetriebliche Optimierung der Wertschöpfungskette kann als 1. Stufe im Outsourcing verstanden werden (da erste kleinere Funktionen dem Lieferanten übergeben werden).

2. Stufe: Co-Sourcing

Mit dem Co-Sourcing verlagert sich das Augenmerk auf die innerbetrieblichen Prozesse und Strukturen. Vor allem KMU gehen mehr und mehr dazu über ihre Kapital- und Know-how-intensiven Bereiche (z.B. F&E, Informatik) mit anderen Firmen (teilw. sogar mit Konkurrenten) zu teilen. Ein gutes Beispiel hierfür auf dem Schweizer Markt ist die gemeinsame Nutzung von Informatikleistungen der AGI der Ostschweizer Kantonalbanken.

3. Stufe: Funktions-Outsourcing

Bei den meisten funktionsorientierten Unternehmen haben sich im Verlaufe der Jahre die einzelnen Funktionen zunehmend spezialisiert entwickelt. Somit wird das eigentliche Kerngeschäft nicht so aktiv betreut, wie es eigentlich vom Markt bzw. Kunden her gewünscht wird. Vor allem periphere Funktionen (z.B. Hauswartungen, Kurierbetrieb, Hausdruckereien) wurden als Folge kritisch überprüft und waren in der Regel Kandidaten outgesourct zu werden. In der Informatik entwickelten sich zwei Vorstufen: das Downsizing und das Rightsizing (Kap. 2).

4. Stufe: Objekt-Outsourcing

In dieser Stufe ist der Focus ebenfalls auf die innerbetrieblichen Prozesse und Strukturen gerichtet. Im Allgemeinen sind dies Projekte wie beispielsweise Personalvorselektion für ganz bestimmte Kader- oder Spezialistenstellen. Diese Leistungen werden von einem Generalunternehmer effizienter und kostengünstiger erbracht. Im Objekt-Outsourcing gestaltet sich das Abgrenzen der Projekte bzw. Objekte als schwierig, zumal in der Realisierung von Projekten das Neuartige meistens nicht ganz klar abgegrenzt, aufgezeigt und beschrieben werden kann.

5. Stufe: Prozess-Outsourcing

Auslöser für das Prozess-Outsourcing sind in der Regel realisierte BPR- oder TQM-Projekte. Die Ergebnisse dieser Projekte zeigen sehr deutlich (meist erstmalig) auf, welches die wirklich Kernprozesse eines Unternehmens sind und welche Unterstützungsprozesse (z.B. Call-Center, Help Desk) Outsourcingpotential beinhalten. Wurden alle Stufen durchlaufen, kann das Unternehmen sich wieder auf sein Kerngeschäft konzentrieren und darf als «schlank» bezeichnet werden.

13 Bezug von Outsourcing zu BPR

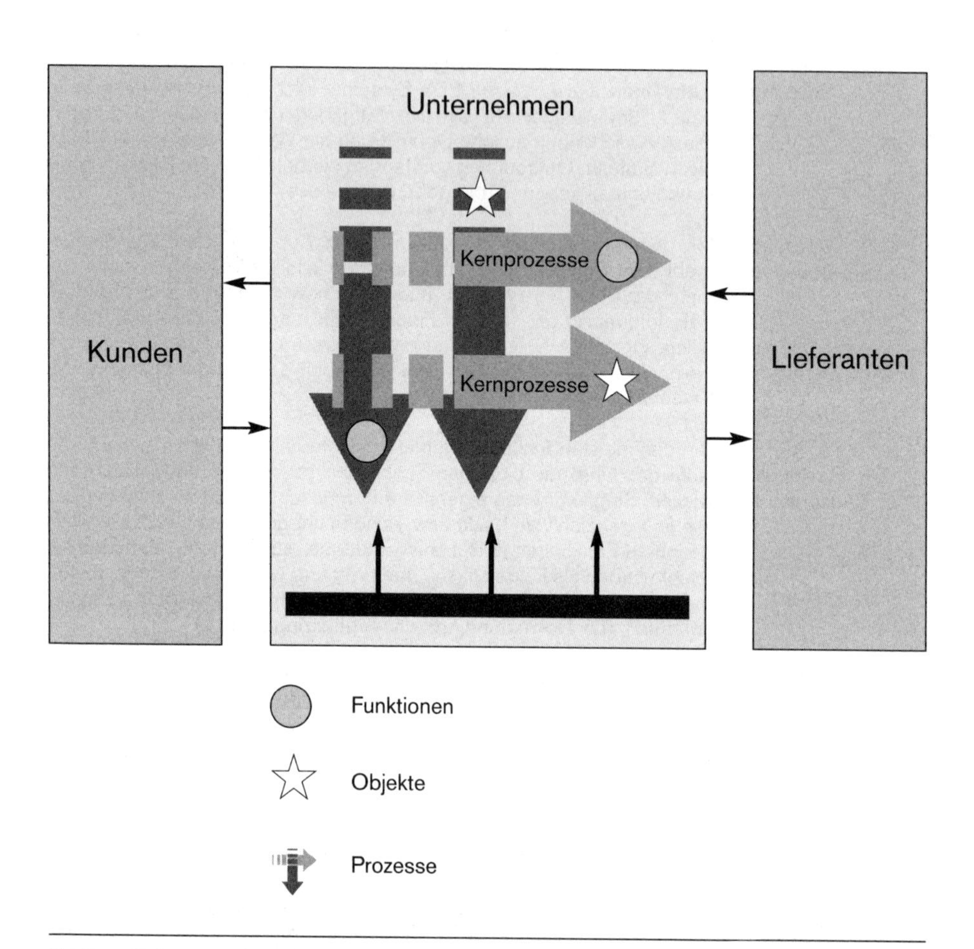

Abbildung 15: Bezug von Outsourcing zu BPR

Outsourcing ist ein eigenständiges betriebswirtschaftliches Konzept. Die Vorgehensmodelle sind noch jung und noch nicht etabliert. Nachfolgende Tabelle verdeutlicht den Bezug (Gemeinsamkeiten bzw. Unterschiede) von Outsourcing zum Business Process Reengineering (BPR).

Kriterien/Sicht	**BPR**	**Outsourcing**
Strategie	Der Haupttreiber in BPR-Projekten sind strategische Überlegungen (top down-Vorgehen)	Zunehmend häufiger wird Outsourcing auch strategisch eingesetzt
Prozesse	Verbindendes Glied zwischen Strategie und Informationstechnologie (IT). Basis für BPR	Tendenz geht weg vom Funktions- zum Prozess-Outsourcing
Informationstechnologie	Die IT unterstützt und beeinflusst die Prozesse und teilw. auch die Strategie. IT ist die *enabling technology*	Teures Spezial-Know-how notwendig. Standardisierte IT-Leistungen werden zunehmend outgesourct. IT kein Kerngeschäft.
Flexibilität	Am Ende eines BPR sind Unternehmen schlanker, effektiver, kundenorientierter und effizienter	Durch das Abwerfen von periphären (Balast)-Bereichen wird das Unternehmen flexibler und schlanker
Know-how	Mitarbeiter benötigen erweiterte Skills und prozessbezogenes Know-how	Durch outgesourcten Bereich geht Know-how verloren, die Spezialität für die verbleibenden Bereiche wird grösser und somit mehr Know-how generiert
Kosten	Wettbewerbsdruck ist oft Auslöser von BPR-Projekten. Ergebnis: u.a. Kostenreduktion	Mit Outsourcing können Kosten kurzfristig gesenkt werden (Kostenreduktion)
Führung / Management	Coaching; Prozessführung mittels Service Level Agreements	Zwischenbetriebliche Führung mittels Verträgen
Aufgaben / Funktionen	Aufgaben werden auf der Mikroprozessebene definiert	Sehr oft werden Funktionen outgesourct ohne Prozesse zu kennen
Schnittstellen	Nach BPR umfassend und klar definiert	Zwischen Outsourcinggeber und -nehmer klar definiert (mittels Verträgen)
Mitarbeiter	Mehr Verantwortung mit umfassenderen Aufgaben; Mehr Motivation	Mehr Verantwortung mit umfassenderen Aufgaben; Geringe Motivation bei Betroffenen

Zusammenfassend kann gesagt werden, dass es zwischen Outsourcing und BPR einige Gemeinsamkeiten gibt und es hinsichtlich Projekt- und Prozess-Management sinnvoll wäre, Outsourcing-Vorhaben nur auf Basis klar definierter Prozesse zu realisieren. Das Hintereinanderlegen dieser beiden Konzepte ist anzustreben und bringt wirtschaftlich gesehen die grössten Erfolge.

Vorgehen

«Man entdeckt keine neuen Weltteile,
ohne den Mut zu haben,
alte Küsten aus den Augen zu verlieren.»

(André Gide (1869–1951, frz. Schriftsteller)

14 Vorbereitung

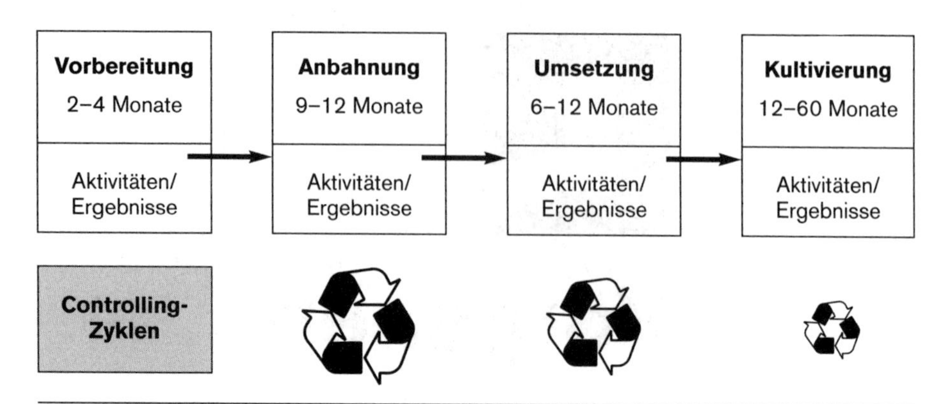

Abbildung 16: Phasen im Outsourcingprozess

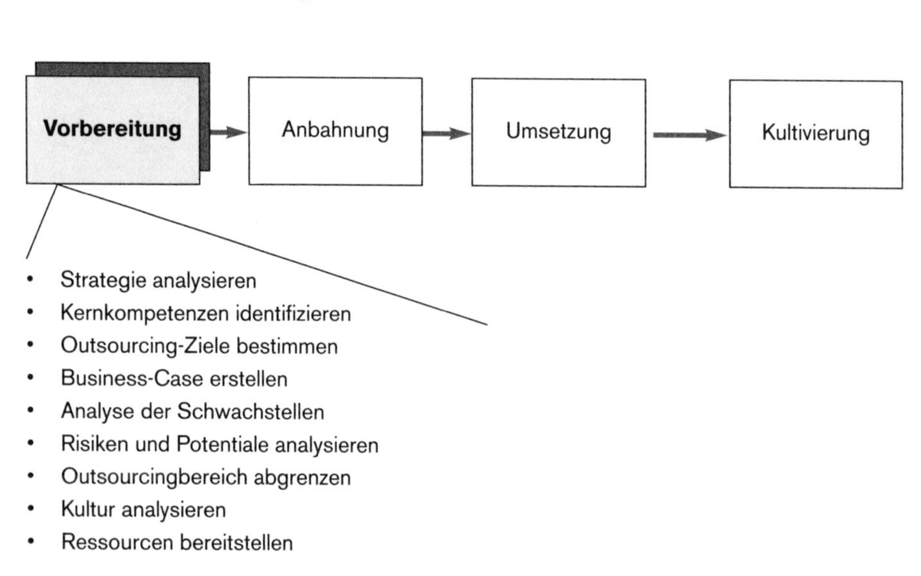

Abbildung 17: Aktivitäten in der Vorbereitung

Im Outsourcingprozess werden vier Phasen unterschieden, wobei die Controlling-Zyklen sozusagen als Kontrollinstrument in jeder Phase (mit Ausnahme der Vorbereitung) zur permanenten Überprüfung der erzielten Resultate dienen. Auslöser eines Outsourcing-Vorhabens ist oft die interne Revisionsstelle bzw. das Controlling, welche dem Management die schlechten Zahlen präsentiert.
Damit es dem Leser einfacher fällt, die einzelnen Schritte pro Phase nachzuvollziehen, werden die Aktivitäten und die zu erzielenden Ergebnisse tabellarisch dargestellt.

Aktivität	**Ergebnis**
Strategie analysieren	Handlungsbedarf gegeben, und zwar • kurzfristig: bei Problemdrucksitutationen (z. B. Notlage, mangelnde Liquidität, Kostendruck) • langfristig: strategische (Neu-)Ausrichtung • Outsourcing mit oder ohne BPR
Kernkompetenzen identifizieren	• Zugang zu einem breiten Markt • Zusätzlicher Kundennutzen • Produkte/Leistungen schwer imitierbar
Outsourcing-Ziele bestimmen	Aussagen zu Unternehmenszielen, -kultur und -philosophie Weiter zu berücksichtigen sind sachliche, finanzielle, verhaltens- und vorgehensorientierte Ziele
Analyse der Schwachstellen	Wesentlichste Probleme und deren Ursachen sind bekannt
Risiken und Potentiale analysieren	Risiken und Potentiale zwischenbetrieblicher Aufgabenteilung sind bestimmt
Outsourcingbereich abgrenzen	Funktionen/Objekte/Prozesse sind definiert und gebündelt in • kernnah und • kernfern[14]
Kultur analysieren	Aussagen, ob Outsourcingnehmer zum Unternehmen (Kulturfit) passt oder nicht
Ressourcen bereitstellen	Manpower, Finanzen, Zeit, Management-Attention stehen zur Verfügung. Ferner ist ein interdisziplinäres Team mit Fachleuten aus Organisation, IT, Marketing, Operations, Rechtsabteilung, Finanzwesen und Outsourcing-Consultant zu besetzen

Ein Outsourcing-Vorhaben wird durch ein oder mehre Motive ausgelöst. Nebst der Innenbetrachtung aus der Ergebnisse wie Revisionsbericht, Schwachstellenkataloge, etc. resultieren, spielt auch die Aussenbetrachtung eine wesentliche Rolle. Wenn beispielsweise der Konkurrenzdruck zunimmt, einfachere und/oder kostengünstigere Produkte bzw. Lösungen am Markt erhältlich sind, kann dies einen Outsourcing-Prozess in Gang setzen.

[14] Bruch (1998), S. 69

15 Entscheidungsgrundlagen bei Outsourcingvorhaben

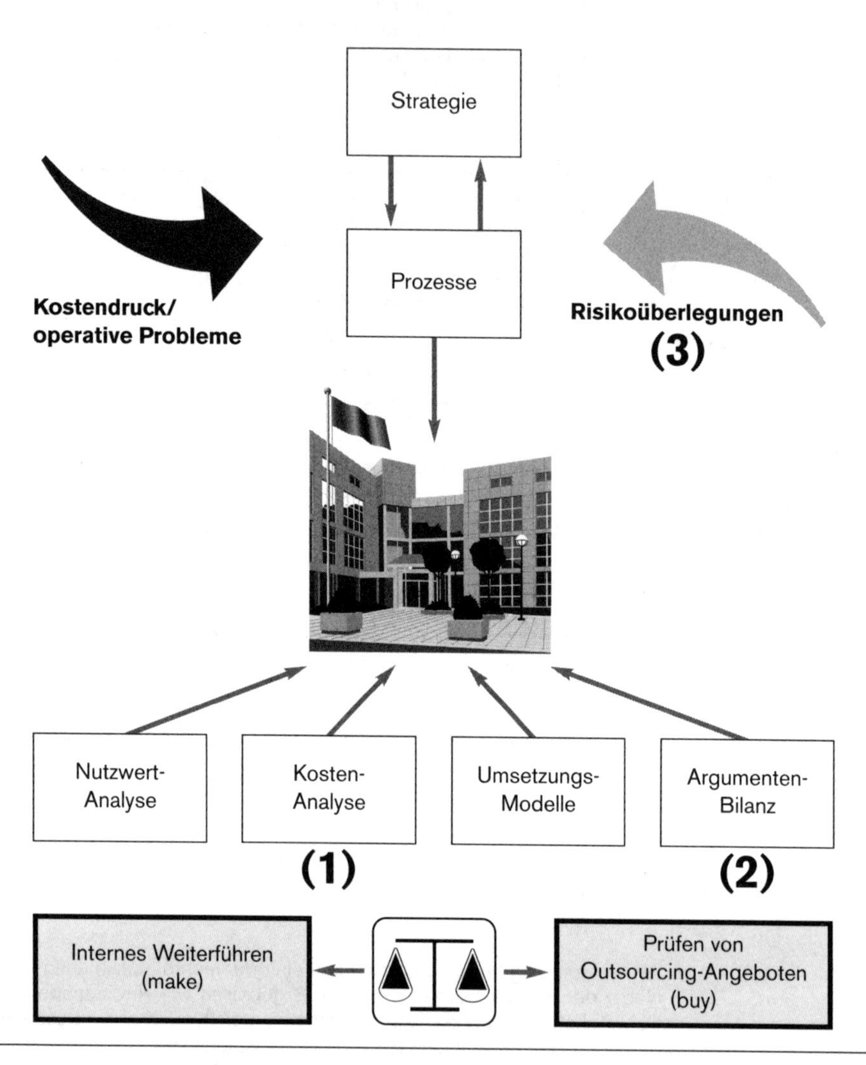

Abbildung 18: Einflussfaktoren bei Outsourcingentscheidungen

Ein potentielles Outsourcing-Vorhaben ist mittels einem straffen Projekt-Management anzugehen. Hierfür ist vorab ein konzeptioneller Rahmen zu schaffen verbunden mit Antworten auf Fragen wie:

- Wie sieht der IST-Zustand aus?
- Um welchen Bereich/e geht es konkret?
- Welche Leistungen werden erbracht?
- Sind die Kenngrössen (zur Leistungsmessung) ermittelt?
- Wurde eine Kosten-Analyse erstellt?
- Welche Risiken bestehen?
- Welche Argumente sprechen dafür bzw. dagegen?
- Welche Umsetzungsvarianten gibt es?
- Etc.

Die wichtigsten Punkte werden in der Folge kurz erklärt:

1. Kosten-Analyse

Das grösste Problem in dieser Analyse ist exakte und aktuelle Aussagen zu den Kosten zu bekommen. Sehr oft müssen diese anhand diverser Listen und aus unterschiedlichen Organisationseinheiten ermittelt werden, was sehr zeitintensiv und vor allem fehleranfällig ist. Ferner ist klar zu eruieren, ob es nicht irgendwo noch versteckte Kosten (hidden cost) gibt, welche ebenfalls einen Einfluss haben, um eine transparente Kostenzusammensetzung zu erhalten. Meistens wird die Kostenvergleichsrechnung (Kosten für Eigenerstellung vs. Preise für Fremdbezug) angewandt, um ein einheitliches Vorgehen zu gewährleisten. Das wichtigste bei der Analyse ist, dass gleiches mit gleichem verglichen wird. Mit anderen Worten, um eine Leistung vergleichen und entsprechend beurteilen zu können, bedarf es einer identischen Basis. Prinzipiell werden drei Bereiche unterschieden: Kosten für Leistungen, Transaktionskosten (beinhaltend Kosten für Anbahnung, Vereinbarungen, eigentliche Umsetzung, Koordination, Anpassungen und das Controlling)[15] und Kosten für die Umsetzung.

2. Argumentenbilanz

Hier geht es um die verbale Beschreibung von Pro und Contra bezogen auf wichtige Komponenten wie z. B. Strategie, Prozesse, Finanzen, Ressourcen, IT, Zukunftspotential des in Erwägung gezogenen Bereichs, Know-how, Leistungen und Status gegenüber der Konkurrenz. Die Problematik bei dieser Technik ist, dass vieles auf der emotionalen Ebene stattfindet (Bauchentscheidungen) und der Erheber (zu) stark geprägt ist von Meinungsmachern resp. den «grauen Eminenzen» im Unternehmen. Die Argumentenbilanz ist somit eher als eine Kommunikationshilfe in Ergänzung zu den anderen Techniken zu sehen.[16]

3. Risikoüberlegungen

Die Beschreibung der Risiken ist ein zentrales Kapitel im Konzept. Vor allem detaillierte Information resp. Analysen in Bezug auf Abhängigkeit vom Outsourcingnehmer (Qualität, Termine, Know-how-Verlust), Personalüberlassung (ja/nein), Re-Transition (falls Outsourcingbeziehung nicht funktioniert), lange Vertragsdauer, wirtschaftliches und soziales Risiko, etc. sind anzustellen resp. in Erfahrung zu bringen und als gewichtige Punkte in die Risiko-Waagschale zu werfen.

[15] in Anlehnung an Picot/maier (1993), S. 20

[16] Bruch (1998), S. 50

16 Entscheidungsregeln aus Kostensicht

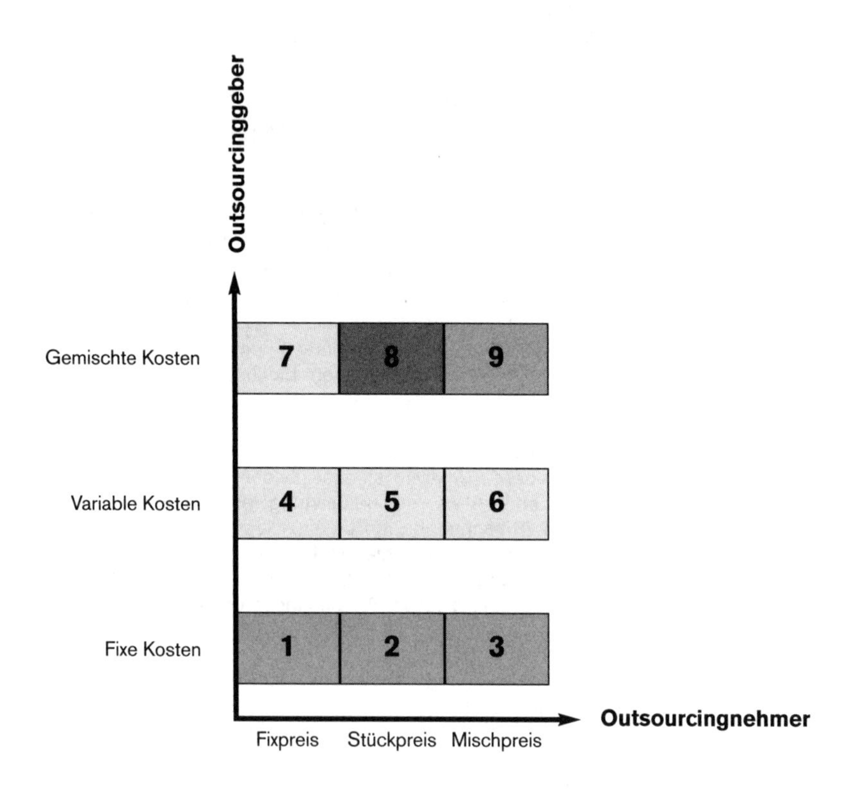

Abbildung 19: Gegenüberstellung Kostenstruktur und Preismodelle (Quelle: Franze, 1998)

Im vorliegenden Kapitel soll nun der Schwerpunkt bei den Kosten liegen, da diese mehr oder weniger eindeutig identifizier- und quantifizierbar sind sowie eine zentrale Komponente bei Outsourcing-Entscheidungen darstellen. Die Problematik bei kostenbasierten Überlegungen ist, dass sich nicht alles (z.B. immaterielle Werte: Know-how) in Geldeinheiten quantifizieren lässt. Ziel bei diesen Überlegungen muss es vor allem sein, eine möglichst vollständige und umfassende Transparenz aller Kosten zu erhalten; dies umfasst in erster Linie fixe, variable und gemischte Kosten und in zweiter Linie nicht quantifizierbare sowie versteckte Kosten. Im Regelfall sind es die fixen Blöcke (Saläre, Leasing, Lizenzen), die den Hauptanteil in den Unternehmen ausmachen und regelmässig anfallen.

Warum stehen die Kosten bei Outsourcing-Entscheidungen im Mittelpunkt? Werden Einheiten outgesourct, so hat dies beispielsweise Auswirkungen auf:

- Geringere Kapitalbindung
- Frei werdendes Kapital kann andersweitig (gewinnbringender) eingesetzt werden
- Änderung der Liquiditätswirksamkeit (nicht liquiditätswirksame Positionen werden durch liquididätswirksame ersetzt)

Sollen die intern erbrachten Leistungen (Eigenerstellung = make) durch fremdbezogene (buy) ersetzt werden, sind die Kostenstrukturen (des Outsourcinggebers) den Preismodellen (des Outsourcingnehmers) gegenüberzustellen. Hierbei ergeben sich rein theoretisch 9 Varianten von kosten-/preisbasierten Entscheidungsmöglichkeiten.[17] In der Praxis kommen aber nur die Varianten 1,2, 3, 8 und 9 vor, wobei die Variante 8 die häufigste in der Literatur beschriebene ist.

Nachfolgend werden kurz die Preismodelle erklärt.

Fixpreismodelle

Der Outsourcinggeber zahlt dem Outsourcingnehmer einen mengenunabhängigen Festpreis

Stückpreismodelle

Der Outsourcinggeber bezahlt für die bezogenen Leistungsmengen einen Stückpreis. Der Gesamtpreis entsteht durch die Multiplikation von Stückpreis mal Leistungsmenge. Mit anderen Worten: der Outsourcinggeber bezahlt jeweils soviel, wie er gerade benötigt

Mischpreismodelle

Kombination zwischen Fixpreis- und Stückpreismodell. Outsourcinggeber zahlt einen festen Bodensatz; darüber hinaus bezahlt er einen Stückpreis pro bezogener Leistungseinheit

Die Graphik verdeutlicht, wo Frembezug (dunkle Kästchen) kostengünstiger als die Eigenerstellung von Leistungen ist. Das verfolgte Ziel bei kostenbasierten Outsourcingentscheidungen ist nur diejenigen Leistungen zu zahlen, die zu einem gegebenen Zeitpunkt in der gewünschten Menge anfallen (ohne Berücksichtigung interner Kosten). Dies schafft Kostenflexibilität. Die Problematik besteht darin, dass fremdbezogene Leistungen meistens nicht zu 100% deckungsgleich sind (da Standardleistungen) mit internen und somit die Vergleichbarkeit oft schwierig ist.

[17] Franze (1998), S. 57

17 Anbahnung

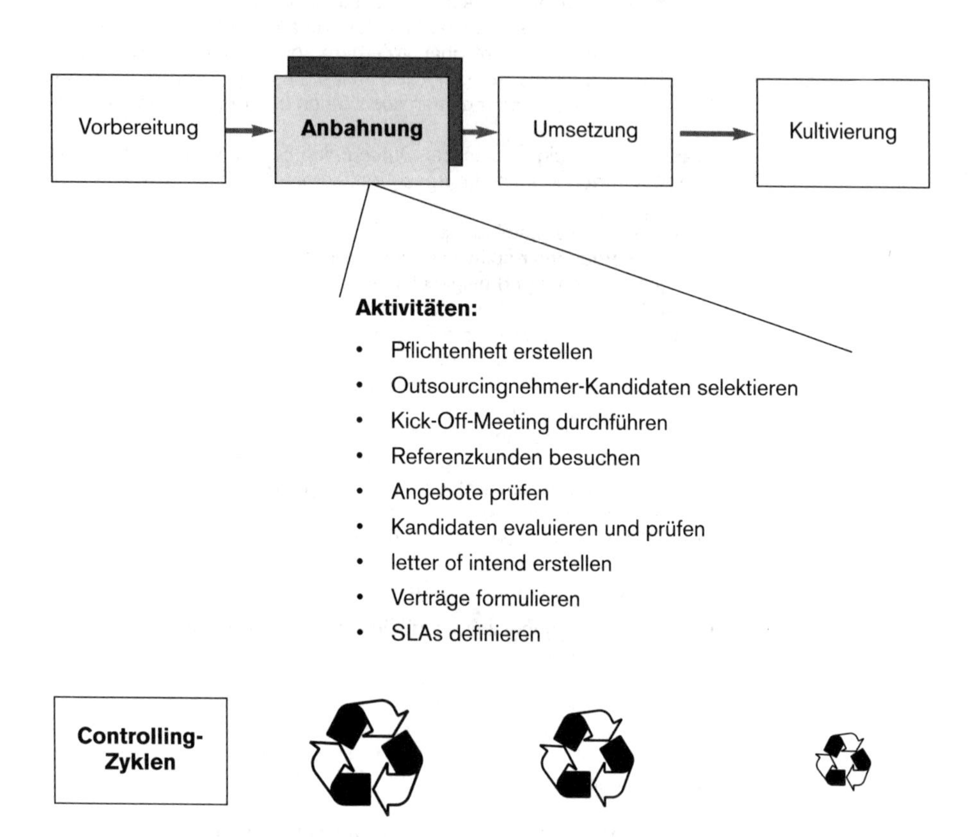

Abbildung 20: Aktivitäten in der Anbahnung

Das zentrale Ergebnis aus der Anbahnungsphase ist neben der Auswahl des zukünftigen Partners mittels Kriterienkatalog ein klar umrissenes Pflichtenheft mit den inner- und zwischenbetrieblichen Aufgabenabgrenzungen und Schnittstellen sowie den definierten Anforderungen für den Outsourcingnehmer. In der Folge werden die Aktivitäten und die damit verbundenen Ergebnisse erläutert.

Aktivität	**Ergebnis**
Erstellung Pflichtenheft	• Durchgeführter Workshop und Interviews mit betroffenen Bereichen und Anwendern • Dokumentation zukünftiger Aufgaben, Kompetenzen und Verteilung der Zuständigkeiten zwischen Outsourcinggeber und -nehmer (Verantwortlichkeits-Matrix) • Aufzeigen der IT-Infrastrukturen • Skills und Kapazitäten des Personals • Preis- und Verrechnungsmodelle • Erwartete Performance-Standards[18]
• Selektieren der Outsourcingnehmer-Kandidaten (Basis Pflichtenheft)	• (KO-)Kriterien für ein Anforderungsprofil sind definiert • Mindestanforderungen sind erfüllt
• Kick-Off-Meeting mit Outsourcing-Kandidaten • Besuchen und prüfen der Referenzkunden • Prüfung der Angebote • Evaluation und Bewertung der Kandidaten • Auswahl des Outsourcingnehmers • Definition der nächsten Schritte	Die wichtigsten Kriterien hinsichtlich • Vertrauen • Tiefe und Breite des Leistungsspektrums • Erfahrung mit gleichartigen Projekten • Grösse und Finanzkraft • Zuverlässigkeit • Räumliche Distanz • Branchen- und (evtl.) Unternehmenskenntnisse • Kommunikationsvermögen sind erfüllt • Objektive Bewertung der Outsourcing-Kandidaten ist durchgeführt • Referenzkunden wurden besucht
Erstellen eines letter of intend[19] (gegenseitige Absichtserklärung)	Prinzipielles Commitment seitens Outsourcinggeber und -nehmer im Sinne einer gegenseitigen ersten Absicherung
Formulieren der Rahmen- und Detailverträge	Grundsätze, Inhalte, Auswirkungen, Haftung, Rechtsbasis, Art und Weise der Zusammenarbeit, Vergütung, Kontrolle, Konflikt-Management, etc. sind definiert und beschrieben
Definition der SLA (Leistungsvereinbarungen)	Basierend auf den Anforderungen aus dem Pflichtenheft sind Leistungsbestandteile, -umfang, -ziele, massstab, -kontrolle, -qualität und -abnahme definiert und bekannt

In dieser für das Gelingen des Outsourcingvorhabens sehr wichtigen Phase ist eine akurate Planung verbunden mit dem Einsatz eines interdisziplinär zusammengesetzten Projektteams unerlässlich.

[18] IT-Management (8/98), Bernhard, Mann und Lewandowski

[19] Bruch (1998), S, 151

18 Vertragswesen

Abbildung 21: Komponenten im Zusammenhang mit Outsourcing-Verträgen

Vertragspunkte

• Vertragsart	• Haftung
• Begriffsbestimmungen	• Datenschutz/-sicherheit
• Anwendungsbereich/Vertragsgegenstand	• Kündigung, Vertragsbeendigung
• Leistungspflichten des Outsourcingnehmers	• Geheimhaltung
• Mitwirkungspflichten des Outsourcingebers	• Offene Punkte
• Vergütung / Rechnungsstellung	• Beilagen

Rahmen- und Detailverträge

Wie an früherer Stelle schon erwähnt, ist Outsourcing eine noch junge Disziplin. Aus diesem Grunde gibt es noch keine Standardverträge (analog wie beispielsweise im Software-Wartungsbereich, im Auto-Leasing, Mietverträge, etc.). Sie entsprechen keinem im Gesetz geregelten Vertragstypus (Kauf-, Werk, Miet- oder Dienstvertrag). Outsourcing-Verträge setzen sich vielmehr aus diversen Vertragsformen zusammen.[20] Um die partnerschaftliche Beziehung auch formal auf ein solides Fundament zu stellen, empfiehlt sich eine Unterscheidung in Rahmen- und Detailverträge. Der Rahmenvertrag ist strategischer Natur und somit langfristig ausgerichtet. Hier finden sich wenig ändernde Bestimmungen wie die Regelung der Geschäftspartnerschaft und allgemeine beschlossene Vertragspunkte über die bereits Einigkeit herrscht. In den Detailverträgen werden vorwiegend die operativen Details wie Leistungen, Qualität, Preise, Termine, Kontrollinstanzen festgehalten. Der zentrale Punkt bei den Detailverträgen ist die akurate Festschreibung der zu erbringenden Aufgaben bzw. Leistungen. Nur wenn beide Seiten exakt das gleiche unter der Leistungserbringung verstehen, können die geforderten Leistungen gemäss den Vorstellungen des Outsourcinggebers erbracht werden. In der Praxis hat es sich als sehr sinnvoll erwiesen, dass der zukünftige Verantwortliche des Outsourcingnehmers (Account-Manager) einige Wochen die Leistungen, Prozesse und Strukturen des Outsourcinggebers kennerlernt, um ein Gefühl für kundenindividuelle Leistungen zu entwickeln.

Vertragsverhandlungen

Der Spruch: «...drum prüfe, wer sich ewig bindet...» kommt nicht von ungefähr. Bei den Vertragsverhandlungen ist unbedingt ein Jurist mit entsprechenden Vertragskenntnissen beizuziehen. In der Regel werden die Rahmenverträge vom Outsourcinggeber vorbereitet und erstellt. Die Detailverträge werden partnerschaftlich, also gemeinsam erarbeitet, wobei hier der Outsourcingnehmer den Lead hat. Es wird davor gewarnt, alles und jedes vertraglich festhalten zu wollen (Überreglementierung). Es besteht hier das Dilemma zwischen grösstmöglicher Absicherung versus dem Risiko etwas vertraglich nicht festgehalten zu haben. Da die Outsourcing-Beziehung langfristig auf eine Win-/Win-Partnerschaft ausgerichtet ist, braucht es zuweilen auch mal Mut zur vertraglichen Lücke, da ansonsten das benötigte Vertrauen nur schwer aufkommt und man einen behindernden und teuren Kontrollapparat aufzubauen hätte. Mit den beidseitig gemachten Erfahrungen werden die Verträge in einem definierten Zyklus überprüft und ggf. überarbeitet. Outsourcingnehmer wünschen eine möglichst lange Dauer (i. d.R. 5–10 Jahre). Die Erfahrung hat gezeigt, dass Experten Schätzungen bis max. drei Jahre in die Zukunft als verlässlich halten. Verbunden mit dem Umstand, dass die heutige Welt laufend an Dynamik zunimmt, sollten demzufolge keine Verträge mit Laufzeiten grösser als drei Jahre abgeschlossen werden.

Vertragspunkte

In der Tabelle auf der linken Seite sind wichtige Punkte in einem Outsourcing-Vertrag aufgeführt.

[20] Cunningham/Fröschl (1995), S. 161

19 Umsetzung

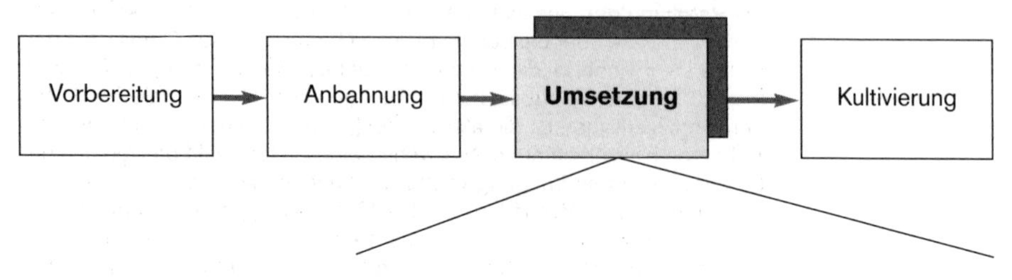

Aktivitäten:

- Erstellen eines gemeinsamen Umsetzungskonzeptes
- Gewinnen von Sponsoren
- Ausgestaltung der (neuen) Rollen
- Harmonisierung der Kulturen
- Gestalten der personellen und strukturellen Schnittstellen
- Sensibilisieren der Mitarbeiter für auftretende interne/externe Probleme
- Einrichten von Informations- und Kommunikationskanälen
- Gewähren bzw. schaffen formeller und informeller Begegnungen/Treffpunkte

Controlling-Zyklen

Abbildung 22: Aktivitäten in der Umsetzung

In den beiden vorangegangenen Phasen (Vorbereitung und Anbahnung) ging es vorwiegend um gestalterische, planerische, vertragliche und kulturelle Aspekte auf einem Makro-Level, d.h. dass die eingeleiteten Veränderungen ausgehend von der Strategie oder einer Problemsituation (Kostendruck) durch die Unternehmensleitung ausgingen. In der Umsetzungs-Phase wird nun die Mikro-Ebene (operative Ebene) behandelt, in der es darum geht, die Planung akurat und konkret in die Realität umzusetzen. Hierbei finden sich folgende Aktivitäten und Ergebnisse:

Aktivität	**Ergebnis**
Erstellen eines gemeinsamen Umsetzungskonzeptes	Konzept mit u.a. folgendem Inhalt: Aussagen zu Struktur, Personalübergang (ja/nein, wer, wieviel), Arbeitsplätzen, Standort (-wechsel), Verträgen, Vorgehen, Terminen, Salärierung, Konditionen, Aufgaben/Kompetenzen/Verantwortung, Outplacement, Vorruhestandsregelung, Umgang mit Key people, Abfindungen, IT-Plattform, strategische Management-Systeme, Kommunikationskonzept
Gewinnen von Sponsoren (aus Top-Management beider Firmen)	Harmonisierung, Begleitung und Unterstützung in kulturellen, planerischen, umsetzungsspezifischen und personellen Belangen
Ausgestaltung der (teilweise neuen) Rollen	Betroffene Bereiche und Mitarbeiter kennen ihre neuen, geänderten Aufgaben/Kompetenzen und Verantwortung sowie die gestellten/erwarteten Anforderungen
Harmonisierung der Unternehmenskulturen	Beide Unternehmenskulturen sind bekannt. Es wird laufend an der Integration der Kulturen gearbeitet.
Gestaltung der personellen und strukturellen Schnittstelen	Die wichtigsten Schnittstellen (kritischer Erfolgsfaktor) sind mit guten Leuten besetzt
Sensibilisieren der Mitarbeiter auf auftretende interne bzw. externe Probleme	interne und externe Kundenprobleme und -reklamationen werden rasch und unkompliziert behandelt
Etablieren eines professionellen trouble shooting	Permanente Präsenz vor Ort bei den wichtigsten Funktionen und/oder Prozessen
Einrichten von Informations- und Kommunikationnskanälen	Hotline, Info-Letter, Web-site, etc.
Gewähren resp. schaffen formeller und informeller Begegnungs-möglichkeiten/Treffpunkten	Vorhandensein von ausreichendem Spielraum für materiellen und informellen Austausch

Das Wichtigste in dieser Phase ist eine offene, transparente und regelmässige Informations- und Kommunikationspolitik, damit jede betroffene Stelle genau weiss, wie Arbeitsplatz, Chancen, Zukunft und Salärierung aussehen, um (Arbeitsplatz-) Ängste, Widerstand, Unsicherheit, usw. zu reduzieren (gänzlich zu vermeiden ist unrealistisch). Wurde entschieden ein Outsourcing mit Personalübergang zu realisieren, braucht es sowohl auf Outsourcinggeber wie -nehmerseite intensive Gespräche, damit die Mitarbeiter und mit ihnen das Know-how erhalten bleiben. Spezielle Beachtung ist den Know-how-Trägern (key people) zu schenken, da diese in der Regel wenig Probleme haben eine neue Stelle zu finden und dies eine (negative) Signalwirkung auf die verbleibenden Mitarbeiter haben könnte.

20 Die zentrale Rolle der weichen Faktoren

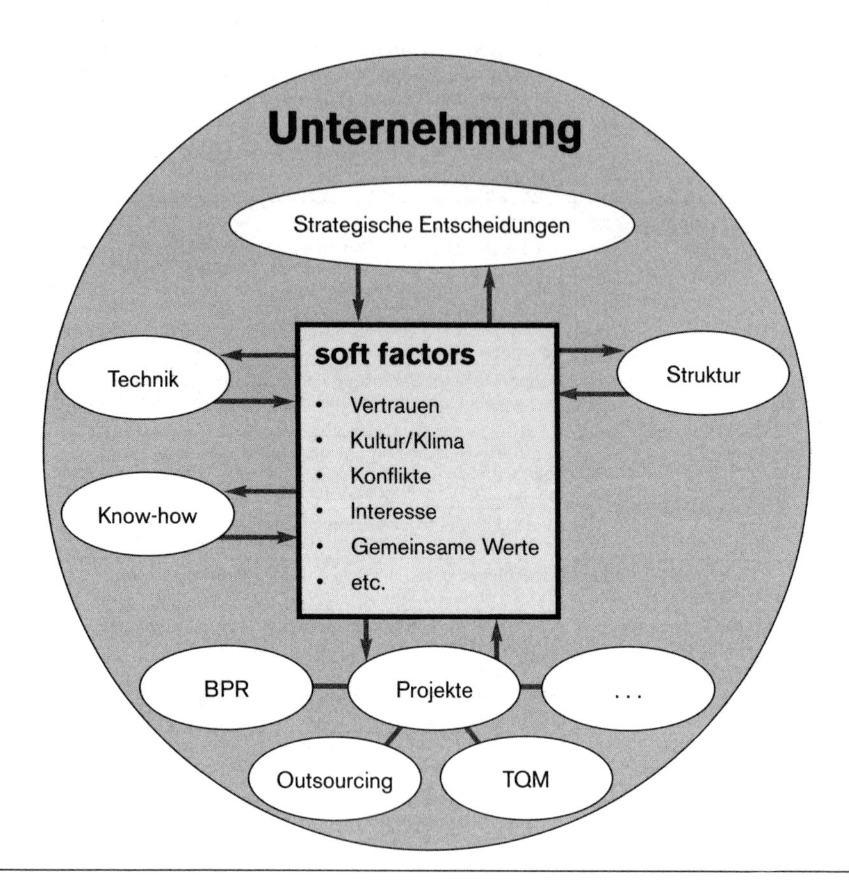

Abbildung 23: Die Einbettung der soft factors in das Unternehmensnetzwerk

Formell	Informell
Die Geschäftsleitung lädt ein (Fragen, Infoaustausch, Projektfortschritt)	Management by walking around
Einrichten einer Web-Site, verteilen eines (Outsourcing-) «Change-Infoletters»	Anzahl Gesprächswünsche bei Personalabteilung in Erfahrung bringen
Roadshows mit eigenen Leuten (Consultants als Vorspann/Einleitung)	Manager erfühlen Puls u. a. in der Kaffeepause, informieren und klären auf
Durchführen einer Mitarbeiterbefragung	Stimmungsbarometer einrichten pro Führungsstufe/Bereich
Pro Bereich / Abteilung ein Workshop	Schaffen gemeinsamer Werte

Ein erfolgsentscheidender Faktor im Outsourcing ist der Umgang mit dem Menschen im weitesten Sinn (auch weiche Faktoren – engl. soft factors – genannt). Diese umfassen Themen wie beispielsweise Unternehmenskultur, Arbeitsklima, Vertrauen, Wertvorstellungen, Ängste, Konflikte, mit anderen Worten, alles was einem im täglichen Arbeitsleben widerfahren kann. Soft factors können aus zwei Sichten gesehen werden: zwischen- und innerbetrieblich.

Die zwischenbetriebliche Sicht

Prinzipiell ist die Kontaktherstellung mit dem potentiellen Outsourcingnehmer vergleichbar mit dem Lebenszyklus einer Ehegemeinschaft. Vorab geht es darum die Stärken und Schwächen des Partners kennenzulernen verbunden mit seinen Handlungsweisen und den Ideen für die gemeinsame Zukunft. In dieser Kennenlernphase sind beide Parteien vorsichtig und tasten sich gegenseitig ab. Spürt man in vertiefenden Interviews, dass man sich auf den Partner verlassen kann, entsteht etwas sehr wichtiges, nämlich Vertrauen, auf der eine solide und langfristig ausgelegte Beziehung gedeihen kann. Um die ersten Beziehungsstürme unbeschadet überstehen zu können, ist eine Kulturanalyse des Outsourcingnehmers unumgänglich. Das Resultat aus dieser Analyse muss eine Antwort auf die Frage liefern, ob die Kultur des Outsourcingnehmers zur eigenen passt oder eben nicht. Wird diese Frage positiv beantwortet, so ist permanent an der Integration und Weiterentwicklung der beiden dennoch unterschiedlichen Kulturen zu arbeiten unter anderem mit Austausch von Managern, diversen offiziellen und inoffiziellen Anlässen, arbeiten mit vermischten Teams. Zu Beginn einer Outsourcing-Beziehung neigen sehr oft die alten Bereiche des Outsourcinggebers zu (teilw. verdeckter) Ablehnung (...dies können wir doch besser...). Hier sind die Führungskräfte mit dem Einsatz eines konstruktiven Konflikt-Managements und aufklärenden Gesprächen gefordert.

Die innerbetriebliche Sicht

Die wichtigsten Fragen für die Mitarbeiter und das Middle-Management sind:

- behalte ich meinen Arbeitsplatz
- wie sieht meiner neuer Chef aus
- was ändert an der Struktur bzw. Organisation
- muss ich im Geschäft und/oder privat umziehen?

Als sehr schlimm wird von den Mitarbeitern die Ungewissheit und die verbreitete Unsicherheit empfunden, ob, wie und wann es weitergeht. Hierfür gibt es einige formelle und informelle Handlungsempfehlungen.

Siehe Tabelle auf der linken Seite.

Im Englischen tönt Change wie Chance. Wird dieses Wortspiel ins Deutsche übertragen, bedeutet dies, dass der Wandel auch eine Chance beinhaltet, vorausgesetzt, dass die Mitarbeiter entsprechende Lernbereitschaft, -fähigkeit und -geschwindigkeit aufbringen, um die verfolgten Outsourcingziele zu verwirklichen.

21 Kultivierung und Controlling-Zyklen

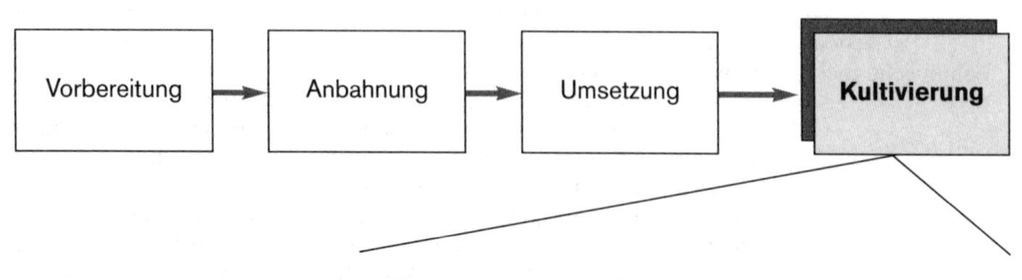

Aktivitäten:

- Etablieren von Beurteilungs- und Feedbackprozessen
- Laufendes Überprüfen und Optimieren der Leistungen, Prozesse, Strukturen
- Einrichten eines permanenten Controlling anhand **gemeinsam** definierter Kriterien

Controlling-Zyklen

Abbildung 24: Aktivitäten in der Kultivierung

Kultivierung

Die Kultivierung hat zum Ziel, die während des Outsourcingprojektes erzielten Ergebnisse zu konsolidieren und laufend zu optimieren. Eine zentrale Stellung nimmt dabei die Unternehmenskultur (i.e.S. Arbeitsklima) ein, d.h. nicht nur die harten Faktoren (Leistungen, Prozesse, Strukturen), sondern auch die weichen sind mit entsprechenden Massnahmen zu berücksichtigen resp. umsichtig zu gestalten. Mit anderen Worten: es sind Antworten zu finden, wie die Mitarbeiter mit den neuen Begebenheiten, Vorgesetzten, Prozessen, umgehen. Die Kultivierung darf nicht einseitig, sondern muss bilateral auf- und ausgebaut werden. Dies bedeutet, dass die Kontrollprozesse wechselseitig (also in beiden Unternehmen) aufzubauen sind.[21] Eine Outsouricng-Partnerschaft ist vor allem auf Vertrauen aufgebaut. Aus diesem Grunde ist ein kritisches Hinterfragen und reflektieren der inner- und zwischenbetrieblichen Kommunikations-, Informations- und Controlling-Prozesse wünschenswert und oft sehr fruchtbar. Dabei ist den Stelleninhabern der Schnittstellen besondere Aufmerksamkeit zu schenken, damit nämlich das hier erworbene spezifische Know-how nicht personenabhängig aufgebaut wird, sondern weiteren Stellen im Unternehmen generisch weitergegeben werden kann.

Controlling

Das Controlling hat zum Ziel während des Projekts (in den Phasen Anbahnung, Umsetzung und Kultivierung) laufend den Projektfortschritt zu überprüfen und somit präventiv Schäden zu vermeiden. Da hier mit sensitiven Daten gehandelt wird, ist diesem Instrument hohe Aufmerksamkeit zu schenken. Nach Abschluss des Projekts resp. bei Überführung in den laufenden Betrieb dient das Controlling als Instrument zur Überprüfung der gemeinsam vereinbarten Kriterien (Zielvereinbarung) wie beispielsweise Termintreue, SLA, Qualität, Kundenservice, Kosten, Koordinations- und Kommunikationsaufgaben auf strategischer und operativer Ebene. Der Focus liegt hier im permanenten Optimieren der inner- und zwischenbetrieblichen Prozesse, Schnittstellen, Know-how-Transfer und Strukturen.

Im Controlling werden folgende beiden Hauptaktivitäten durchgeführt:

Aktivität	**Ergebnis**
Überprüfen der erzielten Resultate auf **strategischer** Ebene	Validierte Strategien, Prozesse, Strukturen, Zielerreichung, Koordination, Meilensteine, Leistungsvereinbarungen, Kulturintegration und -abgleich, IT-Plattform, Management-Systeme, Know-how-Transfer, Kundenorientierung, Ressourcen, Kosten, SOLL-/IST-Vergleich, Win-/Win-Konstellation, Zeitplan
Überprüfen der erzielten Resultate auf **operativer** Ebene	Schnittstellen-Management, SLAs, Qualität, Trouble Shooting, Aus-/Weiterbildung, Budget, Qualitätsaudits, Know-how-Transfer, Alarm- und Frühwarnsysteme, Prozesskosten, Eskalationsverfahren, Zielvereinbarung pro Mitarbeiter, Kommunikation

Die Verantwortung für das Controlling auf strategischer Ebene hat meistens ein Controller. Auf operativer Ebene hat während des Projektes der Projektleiter den Lead. Nach Projektabschluss übernimmt der Prozess-Manager die Verantwortung.

[21] Bruch (1998), S. 180

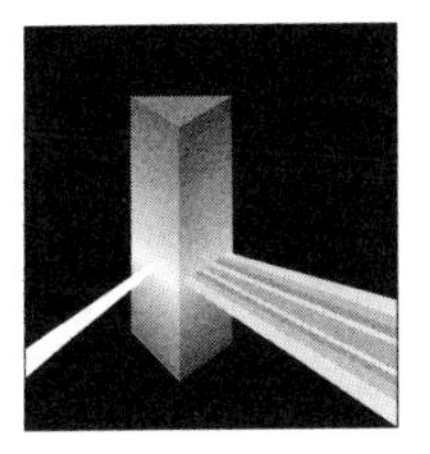

Praxis

*«Willst du im laufenden Jahr ein Ergebnis,
so säe Samenkörner.
Willst Du in 10 Jahren Ergebnisse,
so setze Bäume.
Willst Du das ganze Leben ein Ergebnis,
so entwickle den Menschen.»*

(Kuan Chung Tzu)

22 Erfolgsfaktoren / Stolpersteine

- Sorgfältige Auswahl des Outsourcing-Partners
- Permanente Kommunikation
- Anwesenheit des Outsourcingnehmers vor Ort
- Regelmässige Meetings
- Partnerschaft ist langfristig ausgerichtet
- Professionalität des Outsourcinggebers und -nehmers
- Aufbau einer WIN-/WIN-Partnerschaft
- Gegenseitiges Einbeziehen in Entscheidungsprozesse (Ziele, Strategie)
- Harmonie der Kulturen (Kulturfit)
- Beidseitiges Aufeinanderzugehen

Abbildung 25: Erfolgsfaktoren

- Keine/wenig Erfahrung mit der Koordination fremdbezogener Leistungen
- Nur harte Faktoren und keine weichen Faktoren werden betrachtet
- Keine validierten Vorgehensmodelle/Methoden
- Planungs- und Entscheidungsunsicherheiten
- Gesteigerter Koordinationsaufwand an internen u. externen Schnittstellen → Zusatzbelastung fürs Management
- Fehlendes Outsourcingvermögen, Beziehungsfähigkeit und Transformationskompetenz
- Unvorhersehbarkeit künftiger (Zusatz-)Anforderungen
- Abstimmungsprobleme, Disharmonien und Interessenskonflikte
- Outsourcing auf einmaliges Entscheidungsproblem reduzieren
- Fehlendes, professionelles Schnittstellen-Management
- Outsourcing wird nicht als permanente Herausforderung gesehen
- Unerfahrenheit (junge Disziplin) und fehlen von Benchmarks bezgl. zwischenbetrieblicher Aufgabenteilung
- Zielvorstellung von Entscheidern nicht präzisiert
- Ganze Unternehmensfunktionen werden zu Kernkompetenzen benannt

Abbildung 26: Stolpersteine

Sorgfältige Auswahl des Outsourcingpartners

Je detaillierter Abklärungen im Vorfeld hinsichtlich Finanzstärke, Kommunikationsfähigkeiten, Referenzen, Unternehmenskultur, erfolgreich realisierte Projekte durchgeführt wurden (was einem «Röntgen» des potentiellen Outsourcing-Kandidaten gleichkommt), desto grösser ist die Chance eine für beiden Seite erfolgreiche und langfristige Partnerschaft aufbauen zu können. 100%ige Sicherheit gibt es nicht.

Permanente Kommunikation

Gerade während der Projektphase ist eine permanente Kommunikation unabdingbar. Meistens haben sich die Informationskanäle nach Projektabschluss gebildet und müssen noch für die Phase Kultivierung resp. Controlling institutionalisiert werden, da zwischenzeitlich die Leistungen und Kenngrössen für die Messung definiert sind.

Anwesenheit des Outsourcingnehmers vor Ort

Ein zentraler Erfolgsfaktor ist die Anwesenheit des Outsourcingnehmers vor Ort, d.h. in den Räumlichkeiten des Outsourcinggebers, damit die Prozesse, Strukturen, Kultur, Gepflogenheiten und die Ansprechpartner, usw. bekannt sind und vor allem auf Änderungen oder auftretende Probleme rasch eingegangen werden kann.

Regelmässige Meetings

Neben den regelmässigen (formellen) Meetings wie Projektsitzungen, Lenkungsausschuss-Sitzungen braucht es auch genügend Raum für informelle Meetings (z.B Abteilungsanlässe), um die Harmonisierung der Kulturen einzuleiten resp. zu fördern, um sich gegenseitig besser kennenzulernen und eine eventuell vorgefasste Meinung abzubauen.

Keine/wenig Erfahrung mit der Koordination fremdbezogener Leistungen

Gerade bei realisierten Outsourcing-Projekten mit Personalübergang tritt immer wieder die Situation auf, dass ein Grossteil eines Bereiches zum Outsourcinggeber übergeht und der verbleibende Teil die Koordination der Leistungen übernimmt. Hier kommt es vielfach zu offenen und verdeckten Spannungen, da ehemalige Kollegen oder Vorgesetzte nun plötzlich die Auftraggeber-Rolle übernehmen und mit dieser Situation Schwierigkeiten haben.

Nur harte Faktoren und keine weichen Faktoren werden betrachtet

Selten scheitern Projekte an ungenügend klar formulierten Leistungsanforderungen. Die Mehrheit der Probleme tritt im zwischenmenschlichen Bereich auf. Meistens sind es Triebfedern wie Angst um Arbeitsplatz, neue Aufgaben, denen man vielleicht nicht gewachsen ist, ein geändertes Beziehungs- und Arbeitsumfeld, die den Projekterfolg hinauszögern oder teilweise sogar stark blockieren können.

Keine validierten Vorgehensmodelle/ Methoden

Validierte Vorgehensmodelle bzw. Methoden wie wir sie aus dem Projekt- und Prozess-Management kennen, fehlen noch weitgehend. In der Regel bringt der Outsourcingnehmer sein Vorgehensmodell mit, welches er bei früheren Projekten eingesetzt hat. Dieses ist kritisch zu hinterfragen und auf die Unternehmensspezifika zu adaptieren verbunden mit einem gesunden Mix zwischen konzeptionellem und empirischen Vorgehen.

23 Praxisbeispiele

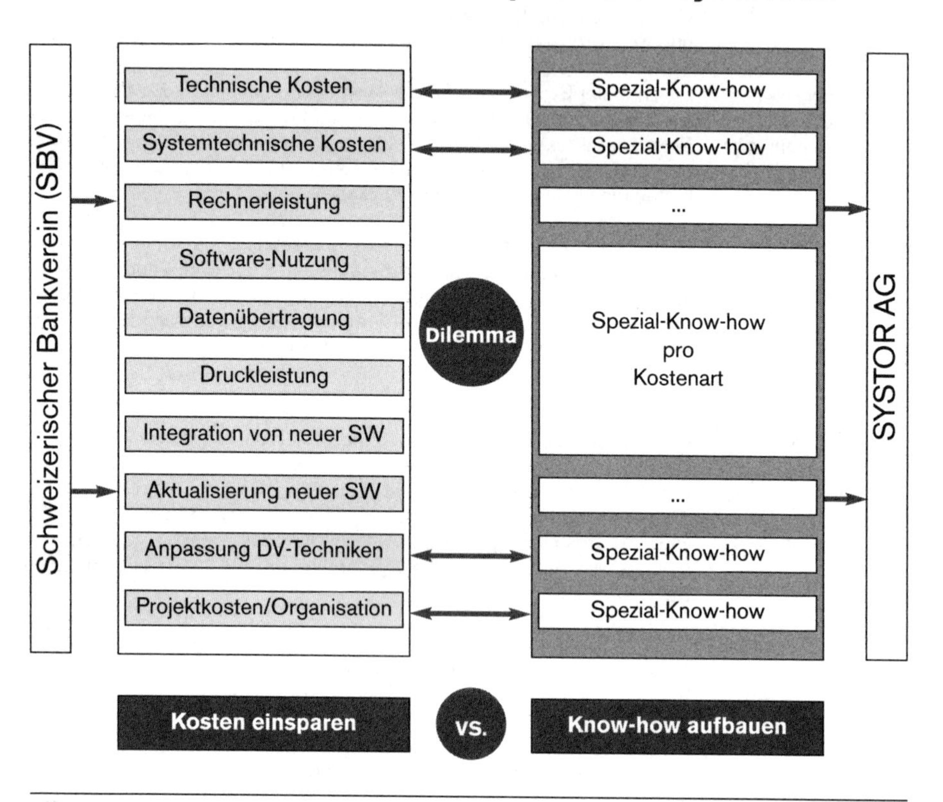

Abbildung 27: Praxisbeispiele

In der Folge werden vier Beispiele aus der Praxis aufgeführt, um die in den vorangegangen Kapiteln gewonnen Erkenntnisse bzw. Aussagen zu verdeutlichen:

Die *Kodak Japan* ist dem Vorbild ihrer US-Muttergesellschaft gefolgt und hat ihre komplette EDV im Rahmen eines Zehnjahresvertrages an IBM abgegeben. Big Blues japanische Niederlassung übernahm die Hardware und zeichnete sich für die komplette Datenverarbeitung einschliesslich DV-Management und -Wartung verantwortlich. Der amerikanische Outsourcing-Pionier Kodak hat die IBM Corp. und später deren Tochter Integrated Systems Solution (ISSC) mit der Betreuung der EDV betraut.[22]

Ein Kostenvergleich zwischen *SAP-Outsourcing* und internem SAP-Einsatz wurde von der Gesellschaft für Projektmanagement mbH GfP - Hamburg bei ca. 40 mittelgrossen Unternehmen, die jeweils IBM/370-Anwender sind, durchgeführt. Die Untersuchung ergab bei etwa 100 Terminals im SAP-Betrieb monatliche Kosten von ca. 2'500.– DM je Terminal. Im Rahmen von entsprechenden Outsourcing-Projekten lagen die monatlichen Terminalkosten bei ca. 950 DM. In diesen Kosten sind die Aufwendungen für die gesamte Hard- und Systemsoftware, die SAP-Lizenzkosten und die Personalkosten für Klima, Energie, Raum, Sicherheit und Material. Im Rahmen des Outsourcing-Projektes sind die Kosten für die Koordination, Ablauforganisation, Controlling und Netzkosten nicht enthalten.[23]

Der *Schweizerische Bankverein* (SBV) hat 1995 die gesamte Applikationsentwicklung inklusive allen Mitarbeitern an das Partnerunternehmen Systor AG (60% Tochterunternehmen) outgesourct. Gründe hierfür waren u.a. Konzentration auf das Kerngeschäft, Ownership aller Projekte sollen im Business verankert sein und die gewünschte Kostentransparenz in der Leistungserbringung. In der Zusammenarbeit ist die Systor AG der bevorzugte Partner, prinzipiell ist der SBV jedoch frei in der Auftragsvergabe. Die Erfahrungen haben gezeigt, dass zu Beginn eine fehlende Serviceorientierung der ehemaligen SBV-Mitarbeiter festzustellen war, informelle Prozesse waren formalisiert und der SBV musste lernen mit einem Outsourcingpartner umzugehen.[24]

Im Rahmen einer Sparübung der *Schweizerischen Kreditanstalt* (SKA) wurde geprüft, ob die Informatikdienste auch einem breiteren Kundenkreis als der SKA offeriert werden können. Mit der Fides Informatik wurde ein Vorschlag erarbeitet, wie die Dienstleistungen ausser den internen Abnehmern auch auf dem freien Markt angeboten werden können. Im Oktober 1995 hat schliesslich der Ausschuss der Generaldirektion grünes Licht zur Ausgliederung des Sektors Informatikdienste (ca. 120 Mitarbeiter) zur Fides Informatik gegeben. Als erster Schritt wurde ein letter of intend zwischen der SKA und der Fides unterzeichnet und anschliessend der definitive Vertrag erarbeitet. Im Vertrag sind auch die Abnahmeverpflichtungen der SKA und die vertraglichen Verpflichtungen der übertretenden Mitarbeiter geregelt.
In einem weiteren Projekt wurde beschlossen, die dezentralen Systeme (Client-/Server-Systeme) umfassend Personal, PCs, Servers, etc. outzusourcen und in einer neuen Firma unterzubringen. Diese wurde ITS (Tochterunternehmen der CS) gennannt. Zwischenzeitlich erbringt die ITS nicht nur Leistungen für die SKA (CS), sondern auch für die Winterthur-Gruppe.

[22] Computerwoche Archiv

[23] Office Management, 39 Jg., Nr. 10, 1991, S. 87

[24] Hp. Mattli, BTC Schweiz, SBV anlässlich des IT-Outsourcing-Symposioms, 98

24 Zusammenfassung

Outsourcing,

- kommt bei stark strukturier- und standardisierbaren und strategisch wenig bedeutsamen Aufgaben in Frage
- hat Kostenreduktionen zur Folge und führt zu Qualitätssteigerungen
- kennt unterschiedliche Formen und Grade
- erfolgt mit einem zeitlichen Horizont von ca. 7 Jahren
- kennt sowohl harte als auch weiche Steuerungshebel
- ist weniger ein «Schwarz-Weiss-Sachverhalt» oder ein «Entweder-Oder-Problem» als vielmehr ein «Sowohl-als-auch»
- verlangt weniger brillante Strategien als operative Erfolge
- bedingt zwischenbetrieblichen Lern- und Organisationsentwicklungsprozesse
- ist eine noch junge «Disziplin»
- reduziert die (Innen-) Komplexität
- ist eine Massnahme zur Risikoabwälzung und -reduktion

Abbildung 28: Zusammenfassung

Outsourcing wird heute sehr kontrovers diskutiert. Die Outsourcingnehmer nennen es ein Allheilmittel, das dem Kunden endlich Effizienz und Konzentration auf sein Kerngeschäft beschert. In der Praxis finden sich aber einige enttäuschte Outsourcinggeber, weil sie ihre «Hausaufgaben» nicht gemacht und die Vorbereitungsarbeiten nicht oder nur ungenügend an die Hand genommen haben. Outsourcing bedeutet nicht kritikloses Überlassen der definierten Aufgabenbündel, Objekte oder Prozesse an einen Outsourcingnehmer. Zwar braucht er in vielen Bereichen keine Detailkenntnisse mehr, dafür muss er seine Anforderungen aber um so klarer definieren können.[25] Deshalb ist ein entscheidendes Element im Outsourcing, die Vergleichbarkeit der Angebote, dass heisst, die angebotenen Dienstleistungen müssen die gleichen Berechnungsgrundlagen (z. B. cost of ownership oder cost of operation) haben und einen vergleichbaren Servicegrad bieten. Fast kein Unternehmen hat das vergangene Jahrzent ohne Veränderung der Geschäftsprozesse durchleben können. Rückbesinnung auf Kernprozesse, Lean Mangement, Personalreduktionen, Überdenken der Wertschöpfungskette – all diese Schlagworte liefen auf das Eine hinaus: *Konzentration auf das Wesentliche*. In vielen Fällen wurde dadurch ein enormer Elan zur Verbesserung der Effektivität und Effizienz geholt.

Neben strategischen, langfristigen Überlegungen sind es oft Problemdrucksituationen (zu hohe Kosten, mangelnde Liquidität, fehlendes Know-how), die Unternehmen dazu veranlassen, kurzfristig zu handeln und nicht wertschöpfende Bereiche outzusourcen. Dabei gilt die Regel: je kernferner und repetitiver Aufgaben bzw. Leistungen sind, desto mehr steigt der Druck diese hinsichtlich Wirtschaftlichkeit und Effektivität zu optimieren. Im Allgemeinen sind dies Support-Funktionen und/oder -Prozesse, für dies es auf dem Markt kostengünstigere und effizientere Alternativen als Standardleistungen oder -produkte zu kaufen gibt.

Nebst einigen Gefahren wie beispielsweise Abhängigkeit vom Outsourcingnehmer, wenig Erfahrungswissen (ausgenommen IT-Outsourcing), keine validierten Vorgehensmethoden, Verlust von Know-how, die es genau zu prüfen und mit den Vorteilen (Reduktion von Kosten, Balast, Fertigungstiefe) abzuwägen gilt, braucht es vor allem in der Anfangsphase eine überdurchschnittlich Informations- und Kommunikationspolitik um Vertrauen aufbauen zu können. Wird neben den wichtigen strukturellen und wirtschaftlichen harten Faktoren auch genügend Aufmerksamkeit den Soft Factors geschenkt, so ist dies eine gute Basis, um ein Outsourcingprojekt erfolgreich und nachhaltig durchzuführen, denn kein Unternehmen funktioniert ohne Mitarbeiter.

Erfahrungsgemäss werden die besten Resultate erzielt, wenn vorgängig ein BPR- oder TQM-Projekt realisiert wurde, denn dann sind die Aufgaben sauber abgegrenzt, Prozessverantwortliche benannt und die wichtigen Prozesse, Strukturen und Schnittstellen definiert. Besteht diese wichtige Möglichkeit nicht, so ist eine Geschäftsprozess-Analyse durchzuführen, welche ähnliche Resultate liefern wird.

Mit zunehmender Globalisierung und wachsendem Konkurrenzdruck wird Outsourcing zunehmend ein Thema für europäische Unternehmen, wobei die Bereiche des Objekt- und Prozessoutsourcing ein starkes Wachstum (neben dem IT-Outsourcing) aufweisen.

[25] IT-Research, Gümbel, (1998)

Anhang

Epilog

- Heutzutage ist die Welt zu komplex, um nur von Make or buy zu sprechen.
  In der Praxis werden zunehmend **Kombinationen** von internen und externen Möglichkeiten verglichen und realisiert.
- Im Erkennen, dem richtigen Einschätzen von Situationen und dem Beurteilen von langfristigen Veränderungen von Rahmenbedingungen verbunden mit dem permanenten **Know-how-Transfer** und **Lernprozess** liegen die erfolgsentscheidenen Aufgaben des Outsourcing-Management
- Zukünftig müssen Unternehmungen Instrumente für die **zwischenbetriebliche Koordination** (der Prozesse) entwickeln
- Zur Schaffung einer neuen Identität braucht es ein **Entlernen** resp. eine **Abnabelung**

Abbildung 29: Trends und Ausblick

Outsourcing ist (analog dem BPR) keine Modeerscheinung. Ganz im Gegenteil: Für die Outsourcingnehmer brechen goldene Zeiten an. Dataquest veröffentlichte Anfang des Jahres eine Prognose, die dem Markt zwischen 9 und 20 Prozent jährliches Wachstum verspricht.

Die Gartner Group geht sogar davon aus, dass im Jahre 2002 die Hälfte aller IT-Arbeitskräfte in Unternehmen mit einer Milliarde Dollar Umsatz und mehr durch externes Personal, also Outsourcingnehmer und Berater gestellt werden. Neuesten Prognosen zufolge soll der weltweite IT-Outsourcing-Markt bis zum Jahr 2000 auf über 100 Mrd. US$ anwachsen. Der Umfang von IT-Aktivitäten, die an Outsourcingnehmer vergeben werden, wächst rapide. Es ist unbestritten, dass IT-Outsourcing nicht nur eine Modeerscheinung der Neunziger Jahre ist. Es ist mittlerweile eine ernstzunehmende Alternative, die von immer mehr Unternehmen wahrgenommen wird. Der Grund dafür ist vor allem der wachsende IT-Anteil in Prozessen und Produkten der Unternehmen, welcher sich zu einem beachtlichen Produktionsfaktor entwickelt.[26]

Der Trend mit dem vollen oder partiellem Outsourcing von IT-Leistungen wird also überproportional wachsen. Nicht nur in Sachen IT nimmt der Outsourcingmarkt an Dynamik zu; auch die unverkennbare Zunahme von Objekt- und Prozess-Outsourcing (z. B. in den Bereichen Call-Center und Lohnwesen) ist deutlich spür- und nachvollziehbar, zumal immer mehr Unternehmen neben dem kurzfristigen Kostendruck auch strategisches und somit langfristiges Potential im Outsourcing erkennen. Dies bedeutet, dass nicht nur vorwiegend die innerbetrieblichen, sondern auch die zwischenbetrieblichen Grenzen zunehmend verschwinden werden und die Optimierung entlang der Wertschöpfungskette rasch voranschreitet. Die Informations- und Kommunikationstechnologie verschafft dem Outsourcing mit neuen Möglichkeiten (EDI, EDIFACT, Internet, Mobilfunk) zusätzlichen Schub und gibt gerade KMU's Chancen sich ein Stück vom Kuchen abzuschneiden. Gemäss einer durchgeführten Studie von Billeter[27] in der Schweiz hat nicht eine bewusste Politik der Konzentration auf die Kernkompetenzen zum Outsourcing geführt, sondern vielmehr technische oder wirtschaftliche Gründe.

Gemäss einer Marktanalyse der Yankee Group verlaufen die Umsatzlinien vom Nordamerikanischen und Europäischen Markt parallel, wobei in den Staaten im 1996 ein Markt von 60 Milliarden (Europa 40 Milliarden) vorhanden war und Prognosen bis 2000 auf ca. 120 Milliarden in den USA (Europa ca. 90 Milliarden) erwartet werden. Dies zeigt deutlich, dass analog dem BPR der Europäische Markt verhaltener und somit weniger radikal auf die Outsourcingwelle reagiert als in den USA. Man könnte auch von einem «Euro-Outsourcing» oder «Light-Outsourcing» sprechen.

Viele Unternehmen haben aus wirtschaftlichen Gründen erkennen müssen, dass sie nicht mehr alles und jedes im Sortiment führen können und sind nun gezwungen ihre Fertigungstiefe zu reduzieren. Somit ergibt sich wieder neues Potential für Outsourcingvorhaben. Dieser Trend ist stark zunehmend. Ein spürbare Tendenz ist auch, dass man von der stark fragmentierten und aufgabenorientierten Führung (Kostenstellen-Denken) wegkommt und stattdessen zur prozessorientierten Führung mit klarer Ergebnisverantwortung (Proszesskosten) übergeht. Mit dieser ergebnisorientierten Führung werden die internen und externen Leistungen zum bestmöglichen Preis erbracht bzw. eingekauft. Auf diese Weise stehen die internen meist teuren erbrachten Leistungen den meist billigeren Marktpreisen (Marktdruck) gegenüber.
Die Business-Transformation ist der kritische Erfolgsfaktor für Unternehmen und hierbei bildet das Konzept des Outsourcing ein wichtiges Hilfsmittel.

[26] Fachgruppenveranstaltung der SW-E-Fachgruppe der ITG

[27] Billeter Th. (1994), IT-Outsourcing in der Schweiz

Selbstkontrolle: Outsourcing – kompakt und verständlich

Mit nachfolgenden Fragen haben Sie die Möglichkeit, selbst zu testen, ob Sie ***Outsourcing – kompakt und verständlich*** *verstanden haben.*

Die Antworten können jeweils aus den entsprechenden Beschreibungen aus dem Band entnommen werden.

Die Fragenummern stimmen mit den Nummern der Schritte im Band überein.

Viel Spass!

Begriffe

1. Wozu dient eine Vorgehensmethode bei Outsourcing-Projekten?
2. Was wird unter dem Begriffspaar Single-/Doublesourcing verstanden?
3. Woher stammt der Begriff Outsourcing und was war das ursprüngliche Ziel?

Idee

4. Nennen Sie 3 charakteristische Merkmale des Outsourcing
5. Worin besteht der Unterschied der beiden Begriffe Ausgliederung/Auslagerung?
6. Wie können Outsourcing-Kandidaten klassifiziert werden?
7. Welches sind die Hauptaufgaben der Outsourcing-Manager?
8. Nennen Sie 3 wichtige Anforderungen an Outsourcingnehmer und -geber
9. Aus welchen Perspektiven kann Outsourcing betrachtet werden und wie lautet das Hauptziel?
10. Zählen Sie je 2 Chancen und Risiken des Outsourcing auf
11. Welche Stufen des Outsourcing kennen Sie?
12. Nennen Sie 3 Gemeinsamkeiten von Outsourcing und BPR

Vorgehen

13. Auf welchen Entscheidungsgrundlagen basieren Outsourcingvorhaben?
14. Welche Kosten bzw. Preise kennt der Outsourcinggeber bzw. -nehmer?
15. Welche Rolle spielen die soft factors in Outsourcing-Projekten?
16. Zählen Sie die wichtigsten Vertragspunkte in Outsourcingverträgen auf
17. Welche Aktivitäten laufen in der Phase Vorbereitung ab?
18. Welche Ergebnisse sind bei der Pflichtenhefterstellung zu erwarten?
19. Was beinhaltet ein Umsetzungskonzept?
20. Auf welchen Ebenen werden Controllingaktivitäten durchgeführt?

Praxis

21. Zählen Sie die 3 wichtigsten Erfolgsfaktoren und Stolpersteine auf.
22. Schildern Sie ein Ihnen bekanntes Praxisbeispiel eines Outsourcingprojekts.
23. Welches sind die für Sie wesentlichen Punkte im Outsourcing?
24. Welche Trends kennen Sie im Outsouring-Markt?

Weiterführende Fragen

(a) Bei welchem Strukturmerkmal liegt ein hohes Outsourcingrisiko vor? (6)

(b) Was wird unter Cosourcing verstanden? (2)

(c) Warum könnte ein vorgeschaltetes BPR- vor einem Outsourcingprojekt sinnvoll sein? (12)

(d) Welcher soft factor gilt allgemein als der wichtigste? Bitte begründen Sie! (15)

(e) Wo liegen die Schwierigkeiten in Outsourcingvertragsverhandlungen? (16)

Glossar

Begriff	Erläuterung
AGI	AGI Holding AG. Ins Leben gerufen durch die Ostschweizer Kantonalbanken zwecks gemeinsamer Nutzung von Informatikleistungen.
BPR	Business Process Reengineering ist fundamentales Überdenken und radikales Redesign von Unternehmen oder wesentlichen Unternehmensprozessen. Das Resultat sind Verbesserungen um Grössenordnungen in entscheidenden, heute wichtigen und messbaren Leistungsgrössen in den Bereichen Kosten, Qualität, Service und Zeit. Weiter spielt die Informationstechnologie im BPR eine tragende Rolle. Ohne sie könnten Unternehmensprozesse nicht radikal neu gestaltet werden
Cosourcing	Zusammenlegen von gleichen Leistungen unterschiedlicher Unternehmungen (zwecks Skaleneffekten)
CS	Credit Suisse (ex SKA)
Downsizing	Migration von einem Host-Rechner auf (meist) eine dezentrale Client-/Server-Architektur
CAD-Outsourcing	Computer Aided Design (Computer-unterstützes Zeichnen)
Fz	Fahrzeug
F & E	Forschung & Entwicklung
Globalisierung	Starker Vernetzungsgrad dank Informations-Technologie zwischen Unternehmen, Lieferanten, Konkurrenten, etc. und somit globale Vergleichs- und Beschaffungsmöglichkeiten
GU	Generalunternehmer
Insourcing	Leistungen werden zusätzlich zu bestehenden intern erbracht (Gegenstück zu Outsourcing)
IT	Die Informations-Technologie umfasst die Gesamtheit der Arbeits-, Entwicklungs-, Produktions- und Implementierungsverfahren der Informations- und Kommunikationstechnik. Die IT beinhaltet alle Methoden, Techniken und Werkzeuge aus diesen Bereichen.
KMU	Klein- und Mittelbetriebe
Outsourcing	Anstatt Leistungen intern zu erbringen (Eigenerstellung) werden diese (meist kostengünstiger und mit besserer Qualität) extern eingekauft (Fremdbezug)

Begriff	Erläuterung
SBV	Schweizerischer Bankverein (heute UBS AG)
SBG	Schweizerische Bankgesellschaft (heute UBS AG)
SLA	Service Level Agreement. Vereinbarung, wie Leistungen hinsichtlich Kosten, Qualität, Serviceumfang und Zeit zu erbringen sind.
Support-Prozesse	Prozesse, die keine direkte Schnittstelle zum (End-)Kunden haben und sozusagen die Infrastruktur für die Kernprozesse (Prozesse mit direktem Kundenkontakt) bereitstellen
Rightsizing	Die permanente Aufgabe die richtigen Systeme (IT, Maschinenpark, etc.) für den Benutzer zur Verfügung zu stellen
TQM	Total Quality Management

Literaturverzeichnis

Billeter, Th., Baumann, Hp., Hobmeier, M, (1992):
Studien über die Bedeutung von Outsourcing in der Schweiz

Billeter, Th., (1994): IT-Outsourcing in der Schweiz

Bruch, H. (1998):
Outsourcing, Konzepte und Strategien, Chancen und Risiken

Cunningham P.A./Fröschl F. (1995):
Outsourcing. Strategische Bewertung einer Informations-dienstleistung

Franze, F. (1998):
Outsourcing, begriffliche und kostentheoretische Aspekte

Horchler, H. (1996):
Outsourcing, eine Möglichkeit zur Wirtschaftsoptimierung für Unternehmensfunktionen und -prozesse

IT-Research, Gümbel, Henkel (1998):
R/3-Outsorucing: Markt und Anbieter

IT-Management (8/98),
Bernhard, Mann und Lewandowski

IT-Outsourcing Symposium (1998),
Hp. Mattli, BTC Schweiz, Schweiz. Bankverein

Schnetzer R. Dr. (1999)
Business Process Reengineering (BPR) –
kompakt und verständlich,
Praxisrelevantes Wissen in 24 Schritten

Picot A., Maier M. (1992):
Analyse und Gestaltungskonzepte für das Outsourcing, in:
Information Management, 7. Jg., Heft 4

Office Management, 39 Jg., Nr. 10, 1991, S. 87

Abbildungsverzeichnis

Stichwortverzeichnis